跟着大师学珠宝

创意设计与手绘表现

FROM TECHNICAL DRAWING TO PROFESSIONAL RENDERING

JEWELLERY ILLUSTRATION AND DESIGN

时尚视觉

[意] 曼纽拉·布兰巴蒂（Manuela Brambatti） [意] 科西莫·芬奇（Cosimo Vinci） 编著

胡俊　程之璐　译

中国青年出版社

跟着大师学珠宝
创意设计与手绘表现

FROM TECHNICAL DRAWING TO
PROFESSIONAL RENDERING
JEWELLERY ILLUSTRATION AND DESIGN

时尚视觉

[意] 曼纽拉 · 布兰巴蒂（Manuela Brambatti） [意] 科西莫 · 芬奇（Cosimo Vinci） 编著
胡俊 程之璐 译

中国青年出版社

图书在版编目（CIP）数据

时尚视觉：跟着大师学珠宝创意设计与手绘表现 /（意）曼纽拉 · 布兰巴蒂，（意）科西莫 · 芬奇编著；胡俊，程之璐译. -- 北京：中国青年出版社，2019.12
书名原文：Jewellery Illustration and Design: From Technical Drawing to Professional Rendering vol.1
ISBN 978-7-5153-3863-7

I. ①时… II. ①曼… ②科… ③胡… ④程… III. ①宝石-设计-绘画技法 ②首饰-设计-绘画技法
IV. ①TS934.3

中国版本图书馆CIP数据核字（2019）第267075号

版权登记号：01-2019-3013

时尚视觉：跟着大师学珠宝创意设计与手绘表现
（意）曼纽拉 · 布兰巴蒂，（意）科西莫 · 芬奇 / 编著
胡俊，程之璐 / 译

出版发行： 中国青年出版社
地　　址： 北京市东四十二条21号
邮政编码： 100708
电　　话：（010）50856188 / 50856189
传　　真：（010）50851111
企　　划： 北京中青雄狮数码传媒科技有限公司

责任编辑： 张　军
策划编辑： 杨佩云
封面设计： 杜家克

印　　刷： 北京汇瑞嘉合文化发展有限公司
开　　本： 880×1230　1/8
印　　张： 26
版　　次： 2020年5月北京第1版
印　　次： 2020年5月第1次印刷
书　　号： ISBN 978-7-5153-3863-7
定　　价： 158.00元

本书如有印装质量等问题，请与本社联系
电话：（010）50856188 / 50856189
读者来信：reader@cypmedia.com
如有其他问题请访问我们的网站：www.cypmedia.com

目录
CONTENTS

引言

INTRODUCTION

绘制首饰

本书启迪我们如何运用多种基本的手绘技法来出色地表现珠宝首饰。在书中，我们将学习如何处理体积比例关系、画面的虚实平衡分布，学习处理金属表面、冷暖材料的画法，以及学习镶嵌工艺与宝石之间的关系等。

首饰通常是光彩炫目、诱人的物件。

当我们创作贵重首饰的时候，一切都是围绕光泽来设计的，比如金属的表面抛光、首饰的体量、宝石的切割等。

我们要去了解光线如何从材质表面进行反射，学习如何强调高光，这样我们的设计意图才能被清晰地表现出来。

一件首饰可以通过多种方式来进行照明：用一个或多个光源照明使其显得明亮，或者撤去所有的光源，使其显得“有深度”。

为了更好地理解我们将要进行的工作，我们将从简单的几何形体开始学习，然后将这些简单的几何形体变形，增加数量，从而演变为复杂的综合形体。要知道，我们的目标并不是为了展现一件首饰成品，而是为了帮助你获得一种工作方法，这种方法能使你准确地表达自己的设计思想。

用手绘技法来表现首饰的方式是多种多样的。

第一种方式是使用正投影法把一个三维物体转换成二维物体，目的在于用正投影的平面图形来表示物体的各个部分。

正视图、顶视图和侧视图的绘制，使我们能够准确地再现物体的比例关系、尺寸以及明确每一个局部的形态。

这种方法的使用遵循非常严格的规则，因此它被视为一种世界上任何人都可以“阅读”的通用语言，这种语言不会有产生歧义的风险。

斜等投影绘制法是第二种平面图形表现手法，而正投影法在绘制斜等轴测图时也会被用到。

在斜等轴测投影中，不同角度的轴线为我们的视觉提供了一件物体的整体视图。正等轴测投影法在首饰设计中的频繁运用，可使首饰的形体被准确地表现出来，而不会有明显的变形。斜等轴测投影法有许多种类型，设计师可以充分运用这些投影图来描述和回答关于他们的设计图的诸多问题。

斜等轴测图把通过正投影法获得的图形以多个角度精确地表现出来，可见，斜等轴测图与正投影图相比，它们的尺寸大小是相同的，只是表现角度不同。

经过长期的训练之后，设计师就可以逐渐摆脱斜等轴测图的严格绘制规则，最终能够准确而快速地徒手绘制首饰。

绘制首饰的最后一步是艺术润色。

艺术润色可以使用的工具多种多样（水彩、蛋彩、铅笔、墨水、马克笔、综合材料等），绘制的纸张也不同，从普通纸到硬纸板都可以用。到底是选择普通纸还是硬纸板来画图，这取决于选择的画图工具在哪种纸张上着色时，更能表现首饰的真实感（不同粗细的笔刷、不同硬度的铅笔会有不同的画图效果）。

与之前严谨的制图阶段不同，艺术润色这个阶段并没有那么多严格的规则必须遵循。这个阶段选择哪种艺术表现技法来画图，很大程度上取决于将要表现的是哪一类首饰、这类首饰的目标客户是谁、设计师的内心感觉，以及哪种表现技法更为简单易行。

在这个阶段，首饰效果图是否能够引发观者的共鸣是非常重要的，这往往取决于观者和设计师的不同文化背景的有效碰撞。

当然，设计师的主要职责还是在于尽心尽力地把首饰效果图绘制得充满诱惑力。

科西莫 · 芬奇

马努埃拉 · 布拉巴蒂

正投影与斜轴测投影

正投影在工程制图中得到了广泛的应用：它标注了物体各部分的尺寸，并显明了各部分的形态。

我们选择用一枚戒指来做正投影法的描绘对象，这种投影法主要有三个视图：

物体正面垂直投影到平面上获得的视图（V.P.），称为正视图；

物体的顶面垂直投影到平面上获得的视图（H.P.），称为顶视图；

物体的侧面垂直投影到平面上获得的视图（L.P.），称为侧视图。

斜轴测投影法对物体的表现较为真实（它多少符合一些透视的法则），但它使用的是一个较为简化的描绘系统。斜轴测投影法使用三个轴线来表现物体：垂直轴z表示高度，两个水平轴x和y分别表示长度和宽度。

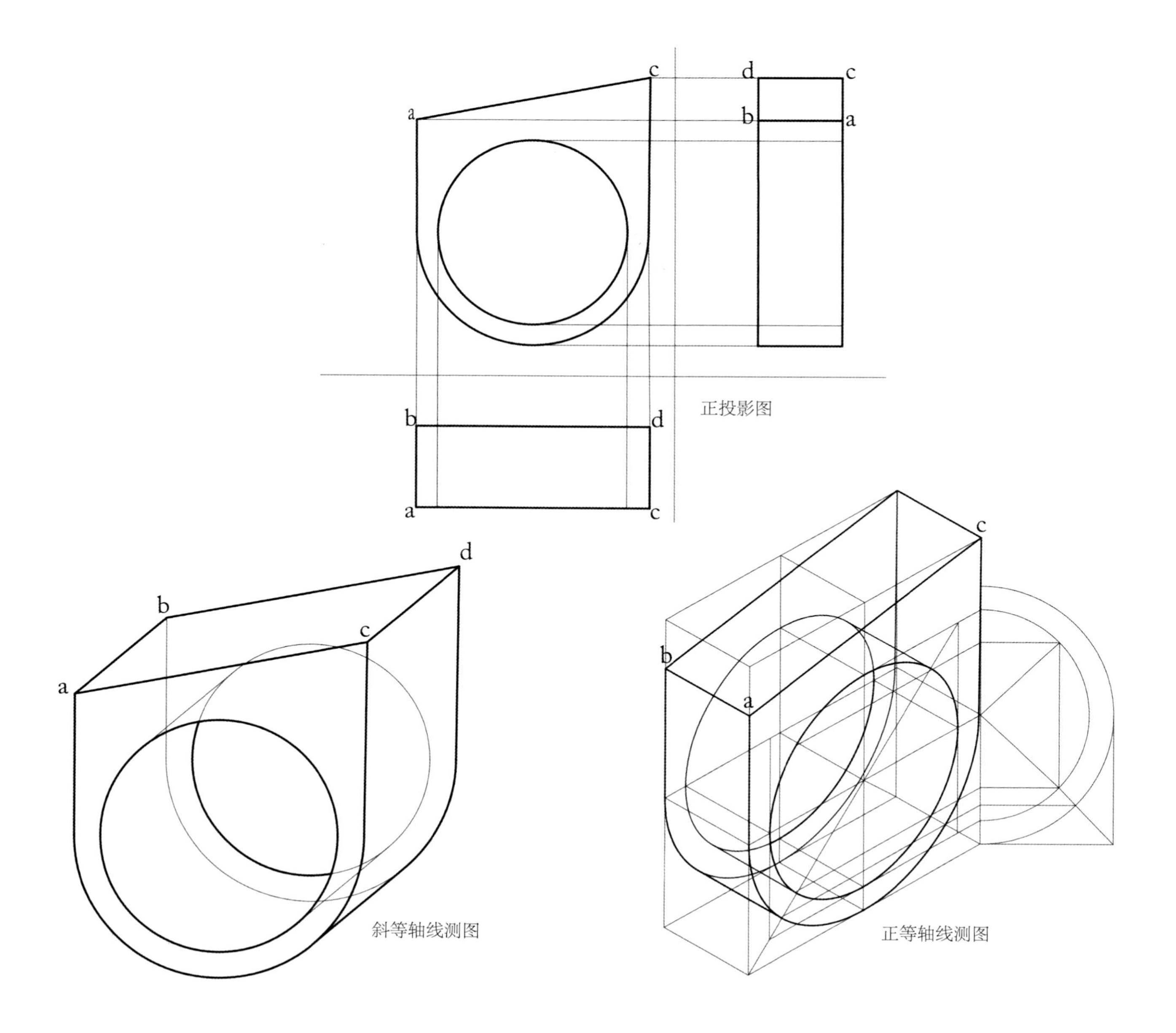

轴线测法作为三维空间中物体的一种平面图形化表示法，在蒙热（Monge）1794年发表的专著《画法几何学》中有专门的介绍。

19世纪，轴线测法发展为一种图形表示法，被广泛应用于军事领域（如斜等轴测法）以及建筑领域。19世纪下半叶的建筑手册中，轴线测法较为常见。

20世纪，延续结构主义设计师瓦克斯曼（Wachsmann）的传统，荷兰风格派运动和理性主义建筑师格罗皮乌斯（Gropius）、密斯·凡德罗（Mies Van der Rohe）等依然广泛使用轴线测法，因为它在表现建筑的网状空间结构和模块元素方面十分出色。

轴测投影的基本组成部分

轴测图的基本要素如下：

一组固定的正交平面图相交于一个焦点，从这个焦点派生出三个轴，从而在坐标系上形成轴测图的轴线（x、y、z）；空间上相邻的投影轴x、y、z的投影形成平面（称为坐标系）（简而言之，坐标系与图纸总是一一对应的关系）。x、y、z轴的方向/投影方向；从0点（笛卡尔坐标轴的交点）开始测量的度量单位（换算系数）。结果表明，投影轴的角度以及测量单位的数值，与投影的倾斜度和坐标轴的方向有关。从这个倾斜度可以得到轴的不同位置和各自的换算系数的数值，从而形成各种类型的轴测法。基于投影方向/轴线坐标系的轴测法有两种：正等轴测投影法和斜等轴测投影法。

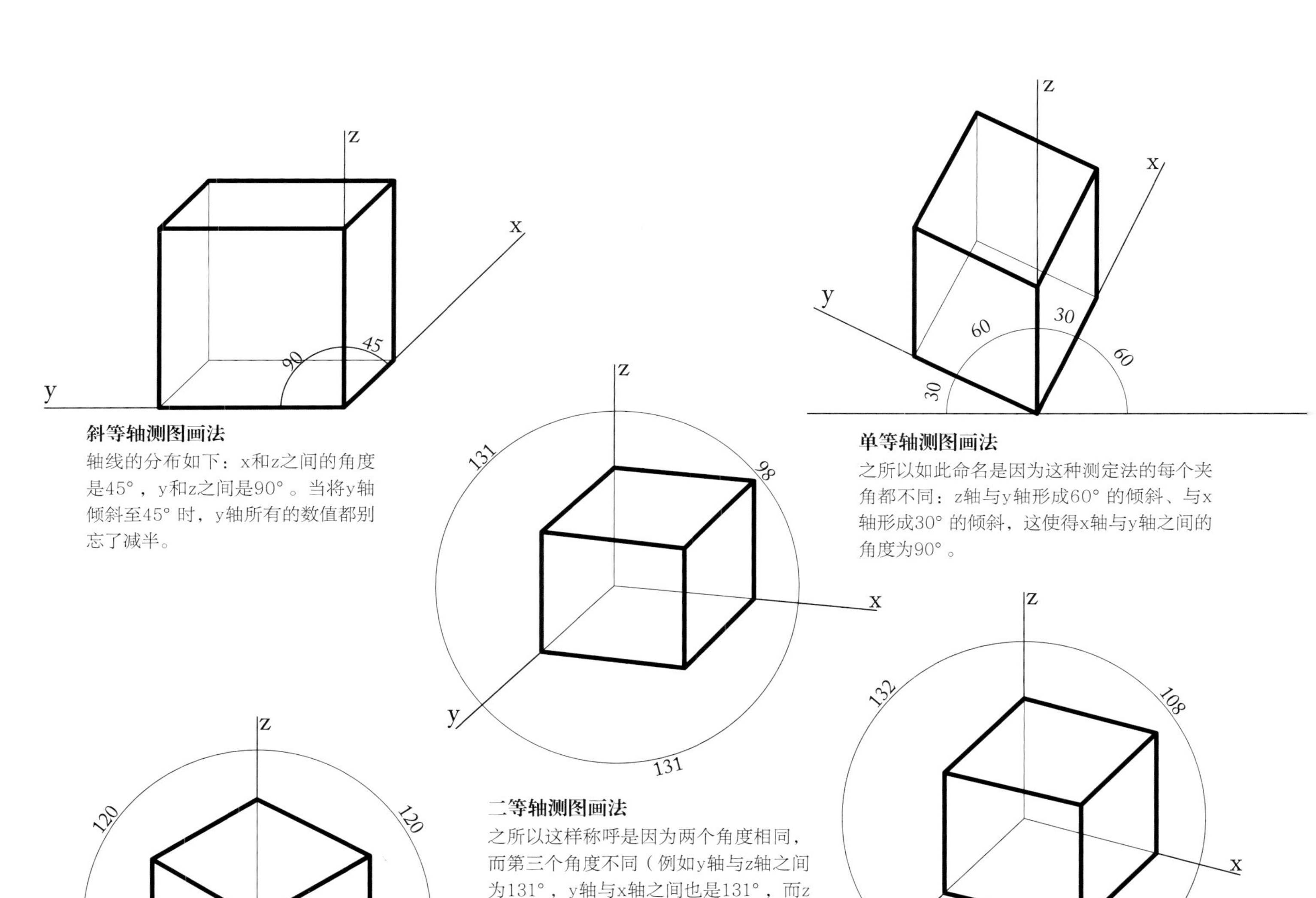

斜等轴测图画法

轴线的分布如下：x和z之间的角度是45°，y和z之间是90°。当将y轴倾斜至45°时，y轴所有的数值都别忘了减半。

单等轴测图画法

之所以如此命名是因为这种测定法的每个夹角都不同：z轴与y轴形成60°的倾斜、与x轴形成30°的倾斜，这使得x轴与y轴之间的角度为90°。

二等轴测图画法

之所以这样称呼是因为两个角度相同，而第三个角度不同（例如y轴与z轴之间为131°，y轴与x轴之间也是131°，而z轴与x轴之间是98°）

三等轴测图画法

这种轴线测定法的典型例子是单等轴测图画法，其特征是有三个不同的角度，虽然它不必与单轴投影有相同的比例（例如y轴和z轴之间为132°，x轴和y轴之间为120°，z轴和x轴之间为108°）。

正等轴测图画法

之所以这样叫是因为轴线之间的角度均为120°。

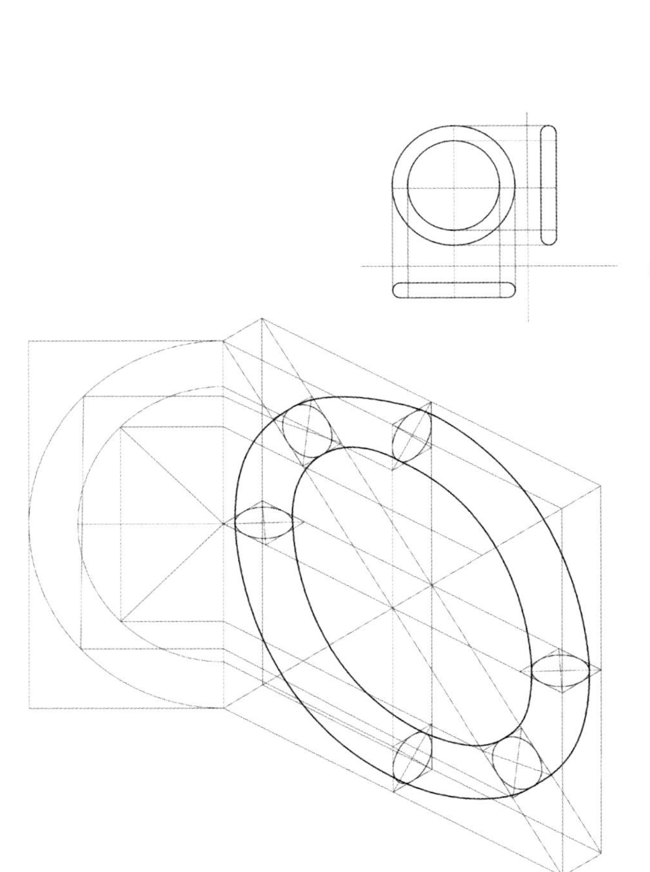

婚戒的正投影图和斜等轴测图。

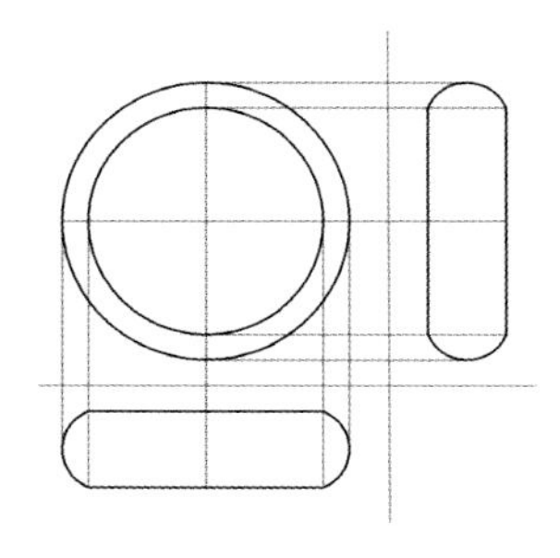

弧面婚戒的正投影图和斜等轴测图。

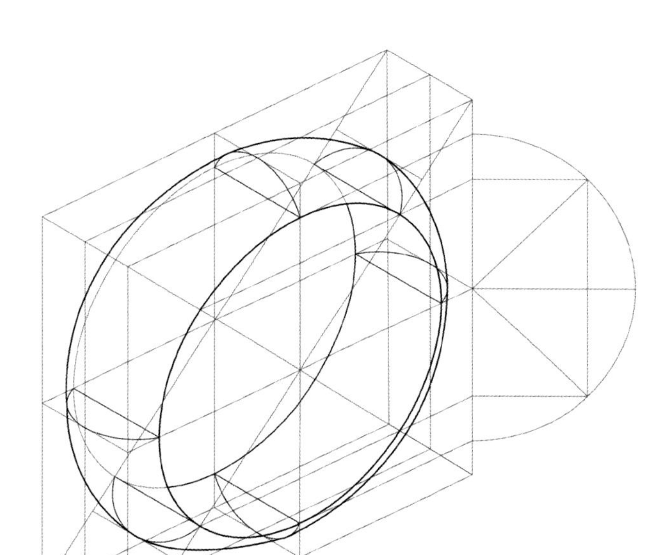

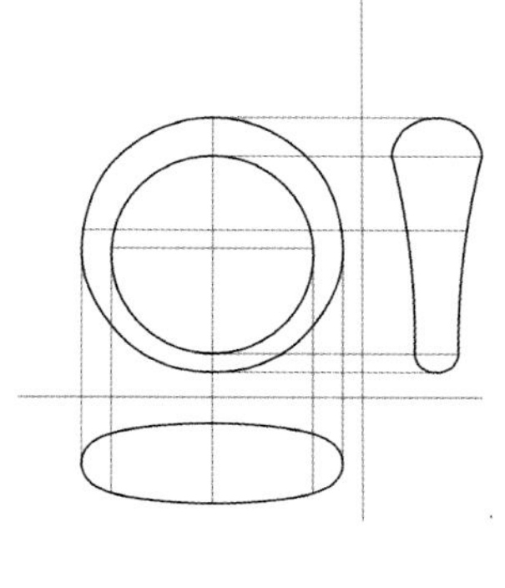

椭圆形戒指的正投影图和斜等轴测图。

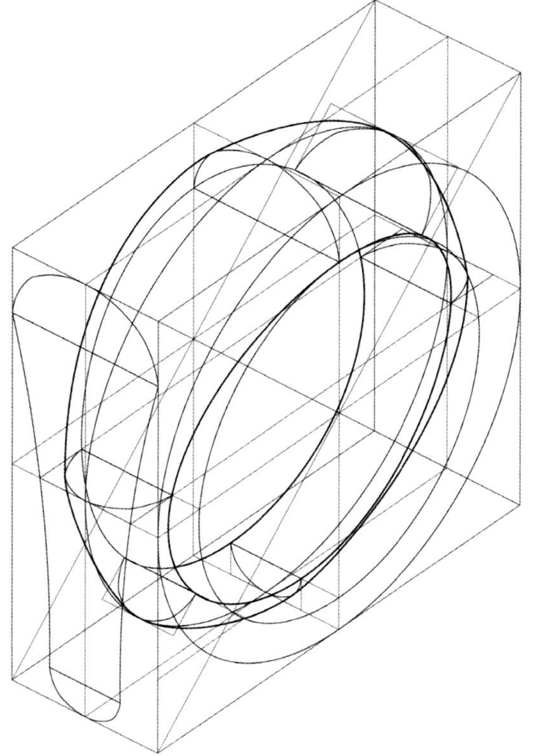

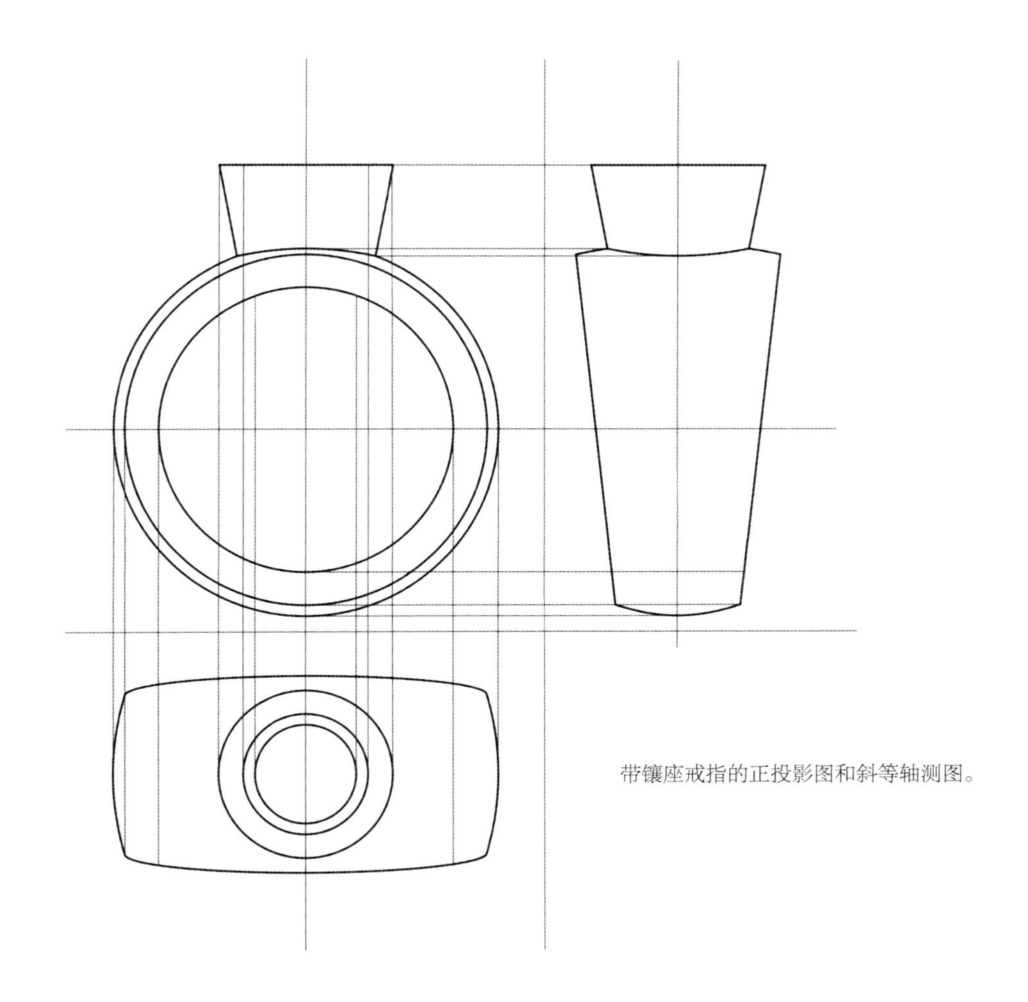

带镶座戒指的正投影图和斜等轴测图。

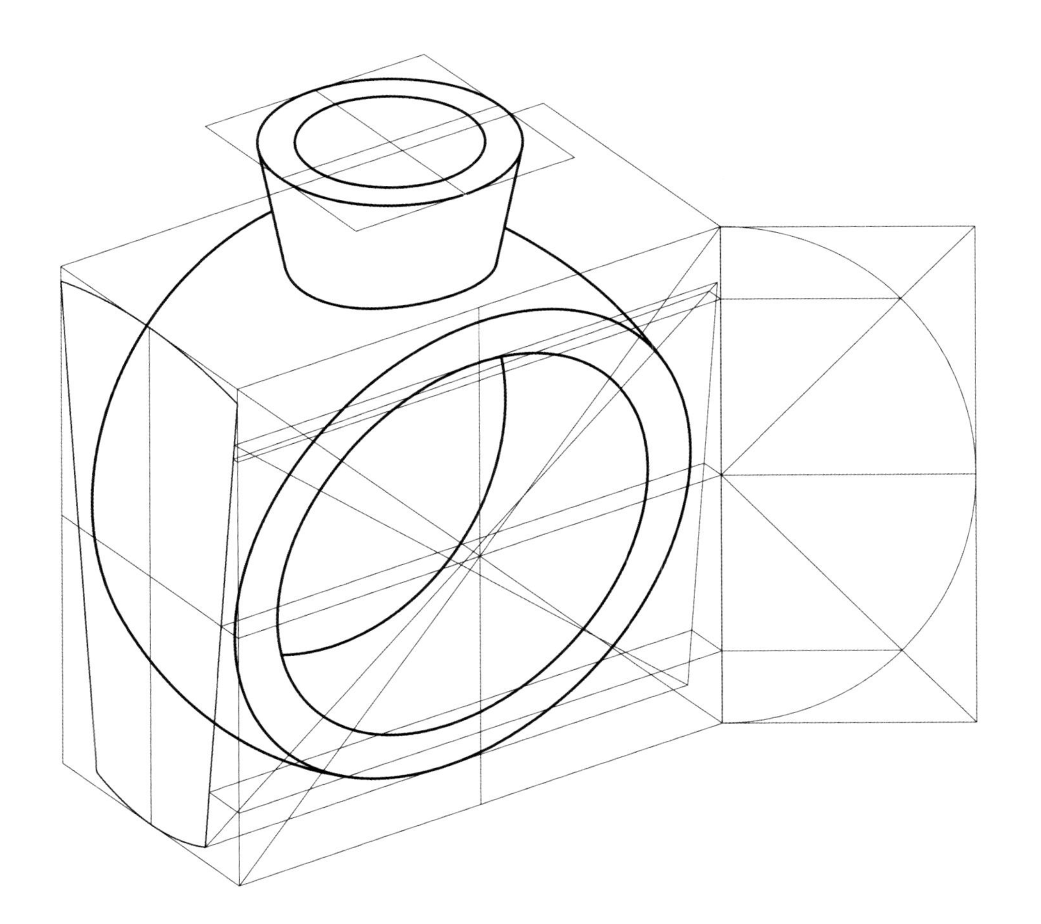

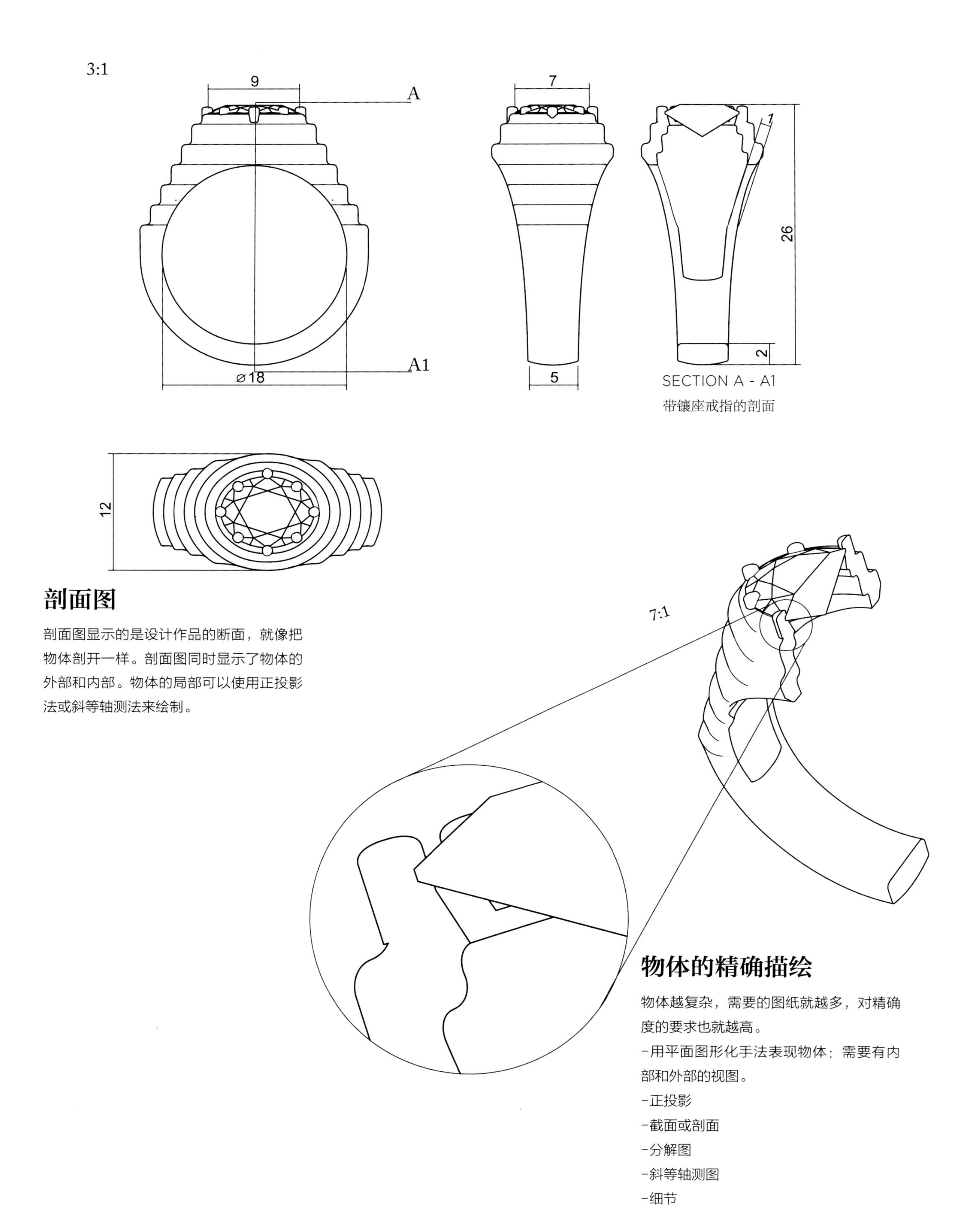

SECTION A - A1
带镶座戒指的剖面

剖面图

剖面图显示的是设计作品的断面，就像把物体剖开一样。剖面图同时显示了物体的外部和内部。物体的局部可以使用正投影法或斜等轴测法来绘制。

物体的精确描绘

物体越复杂，需要的图纸就越多，对精确度的要求也就越高。

–用平面图形化手法表现物体：需要有内部和外部的视图。

–正投影

–截面或剖面

–分解图

–斜等轴测图

–细节

为什么要标注尺寸

-任何物体，无论是天然的还是人造的，都有尺寸。
-这意味着它有长度和宽度、体积和重量。
-即便是凭空设计一件物体，也需要有精确的尺寸标注。
-尺寸的标注必须遵循一定的比例，它是分析物体结构的基本要素。而精确度是尺寸标注的关键。

平面展开图

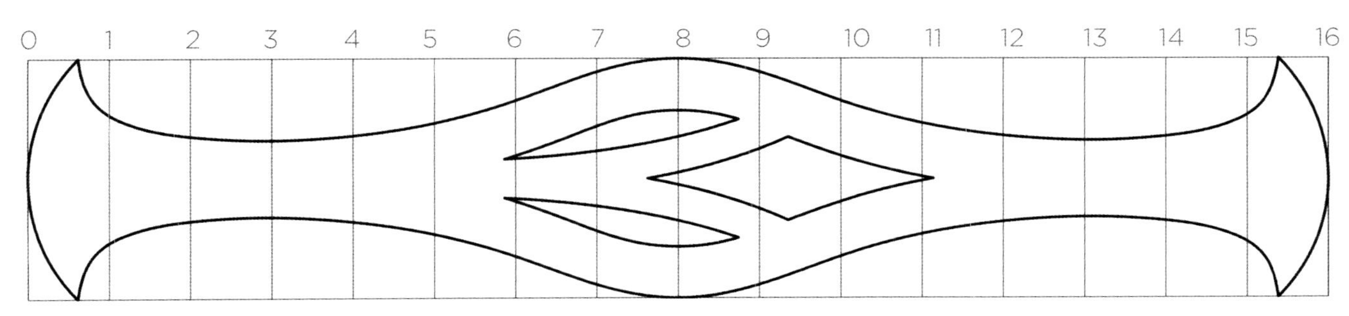

正投影图

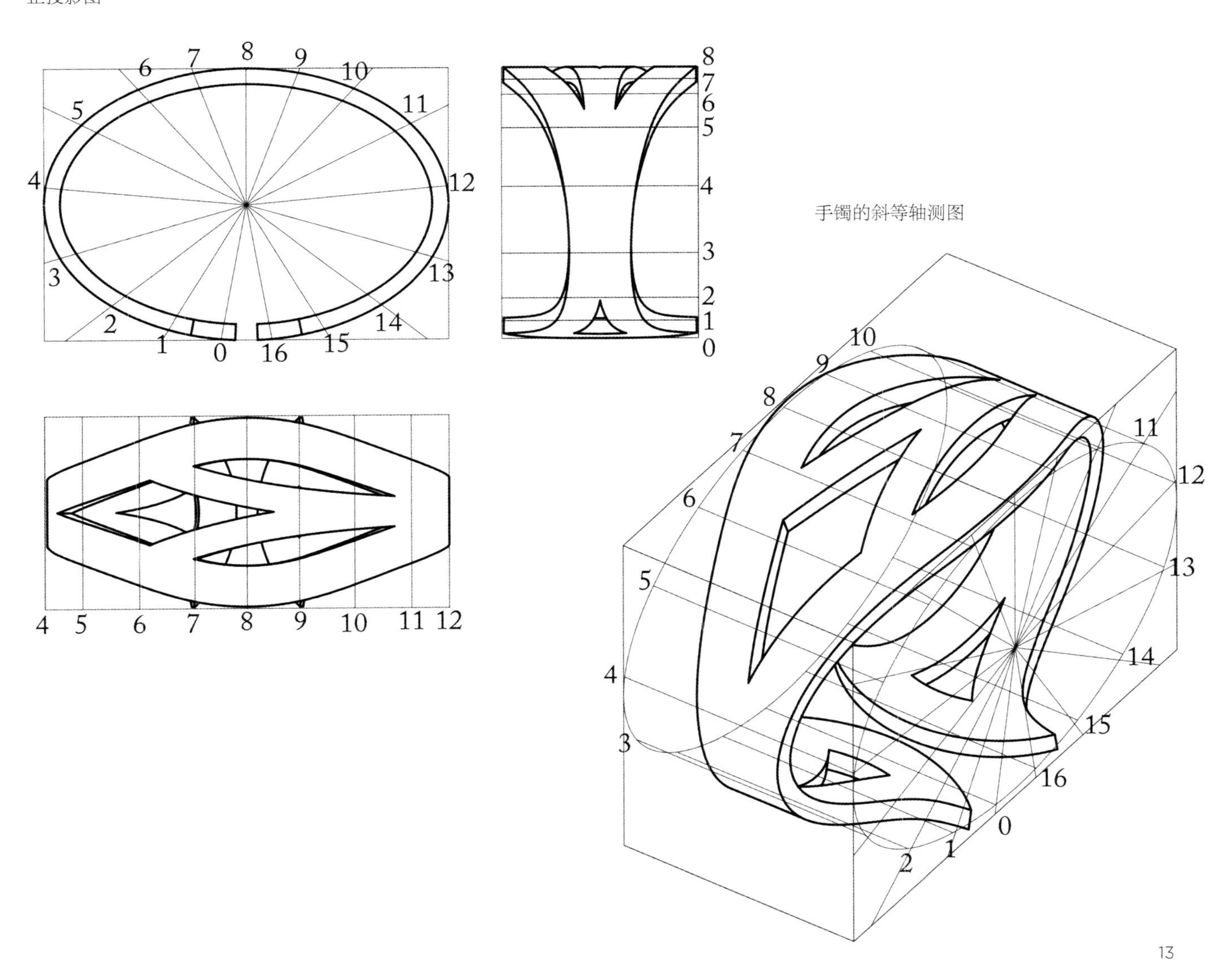

手镯的斜等轴测图

表现戒指的比例

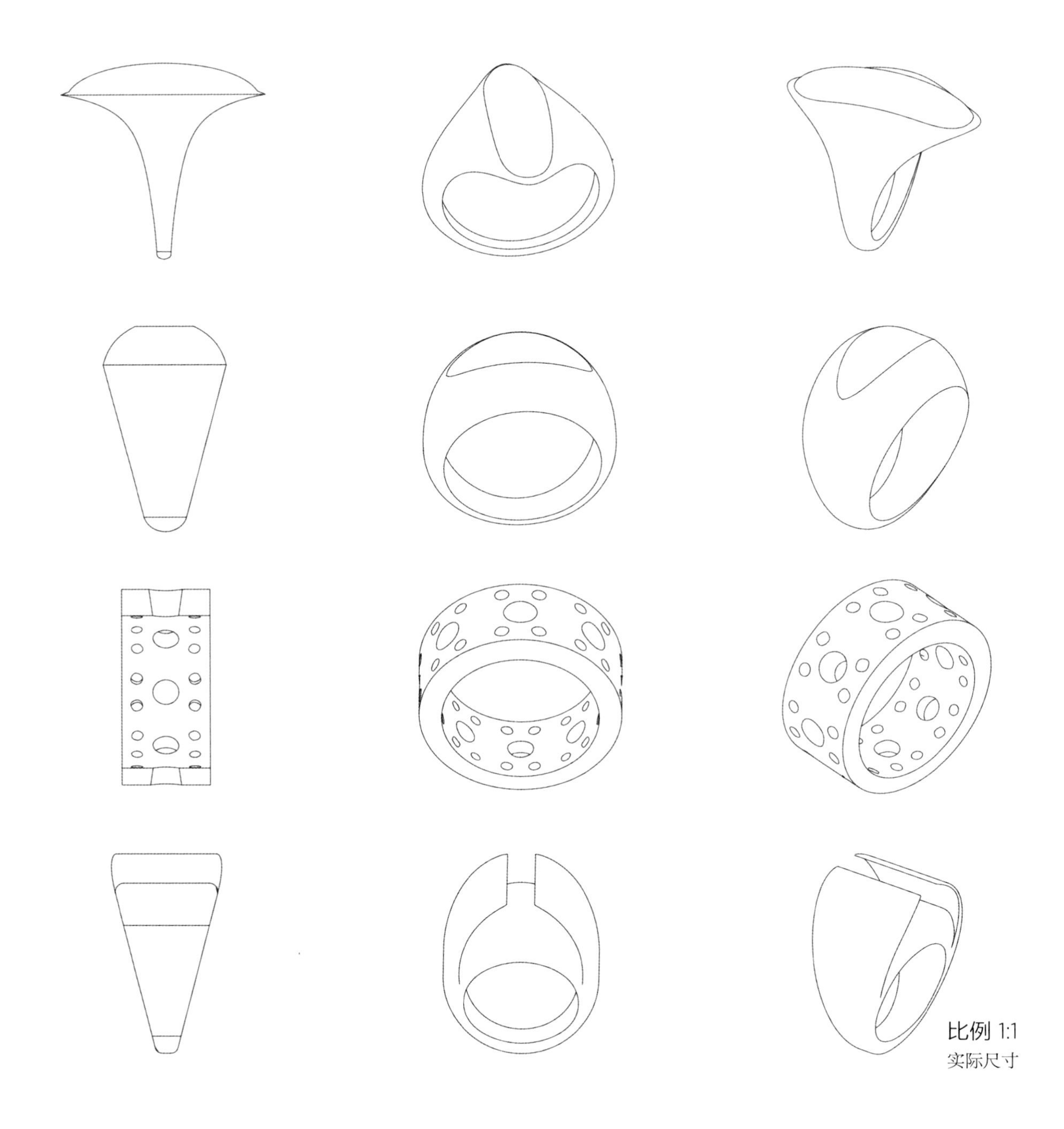

在设计阶段绘制一个物体时，我们首先面临的问题是在图纸上缩小物体的实际尺寸，因为依照物体的实际尺寸来绘图是不现实的。另一方面，当必须要对物体局部的形状、结构和功能进行精确研究时，我们就应该使用放大的尺寸来绘图。为了保证物体的尺寸能够按一定的比例来缩小或放大，我们就必须要确立缩小比例系数或放大比例系数等数值。

与实物大小一致的比例（1:1）意味着图纸中的尺寸与物体的实际尺寸完全相同。

缩小比例系数（1:2、1:5、1:10等）意味着图纸中的尺寸小于物体的实际尺寸，因此这个比例系数通常用于绘制体积较大的物体。绘制这种设计图时，你必须将对象的实际尺寸按比例缩小，才能准确地把物体绘制在图纸上。

放大比例系数（10:1、5:1、2:1等）意味着图纸中的尺寸大于物体的实际尺寸，通常用于绘制图纸尺寸比实际尺寸大的物体。绘制这种图形时，你必须将对象的实际尺寸按比例放大，才能准确地把物体绘制在图纸上。

平面戒指和弧面戒指的画法

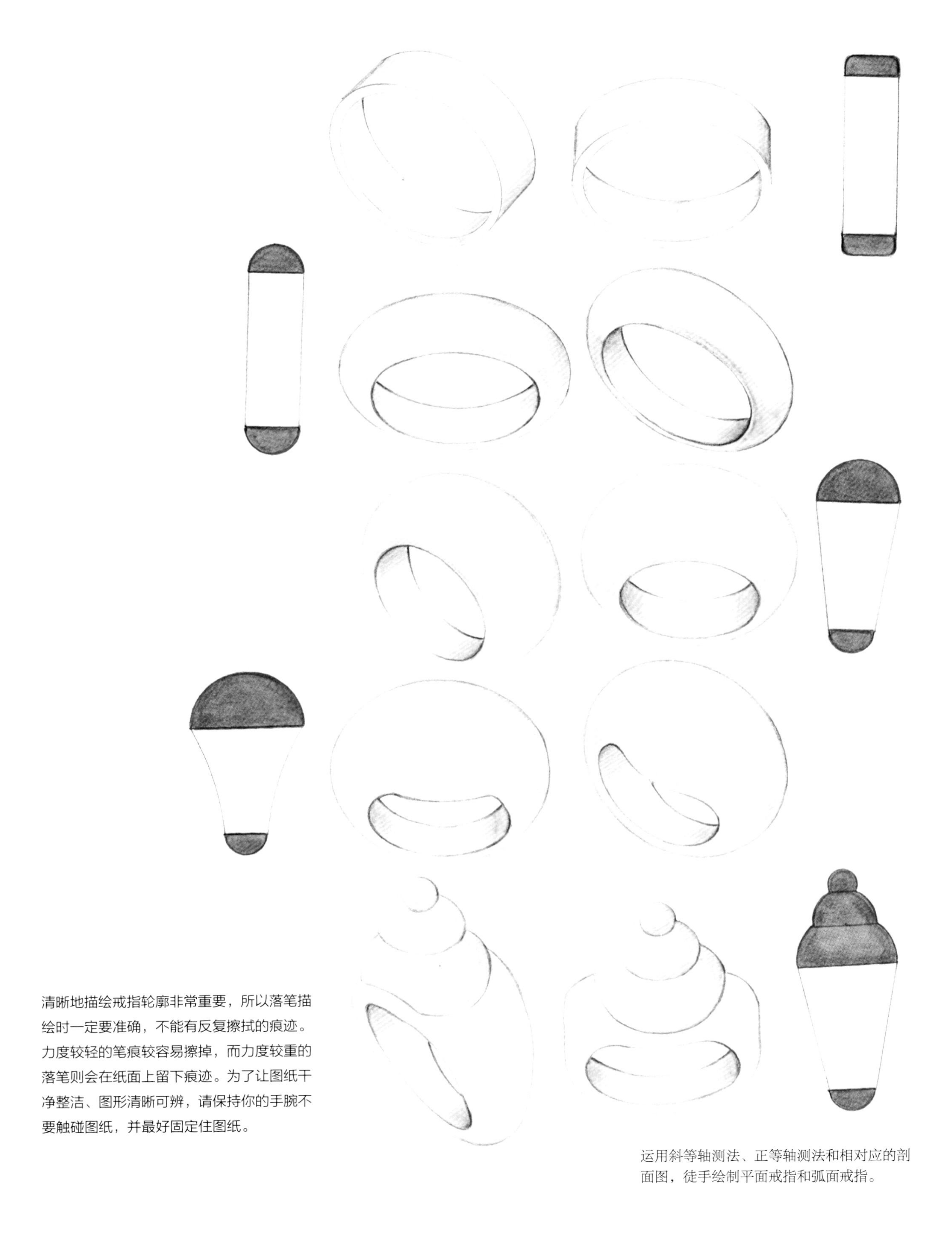

清晰地描绘戒指轮廓非常重要，所以落笔描绘时一定要准确，不能有反复擦拭的痕迹。力度较轻的笔痕较容易擦掉，而力度较重的落笔则会在纸面上留下痕迹。为了让图纸干净整洁、图形清晰可辨，请保持你的手腕不要触碰图纸，并最好固定住图纸。

运用斜等轴测法、正等轴测法和相对应的剖面图，徒手绘制平面戒指和弧面戒指。

正投影图和不同角度的斜等轴视图

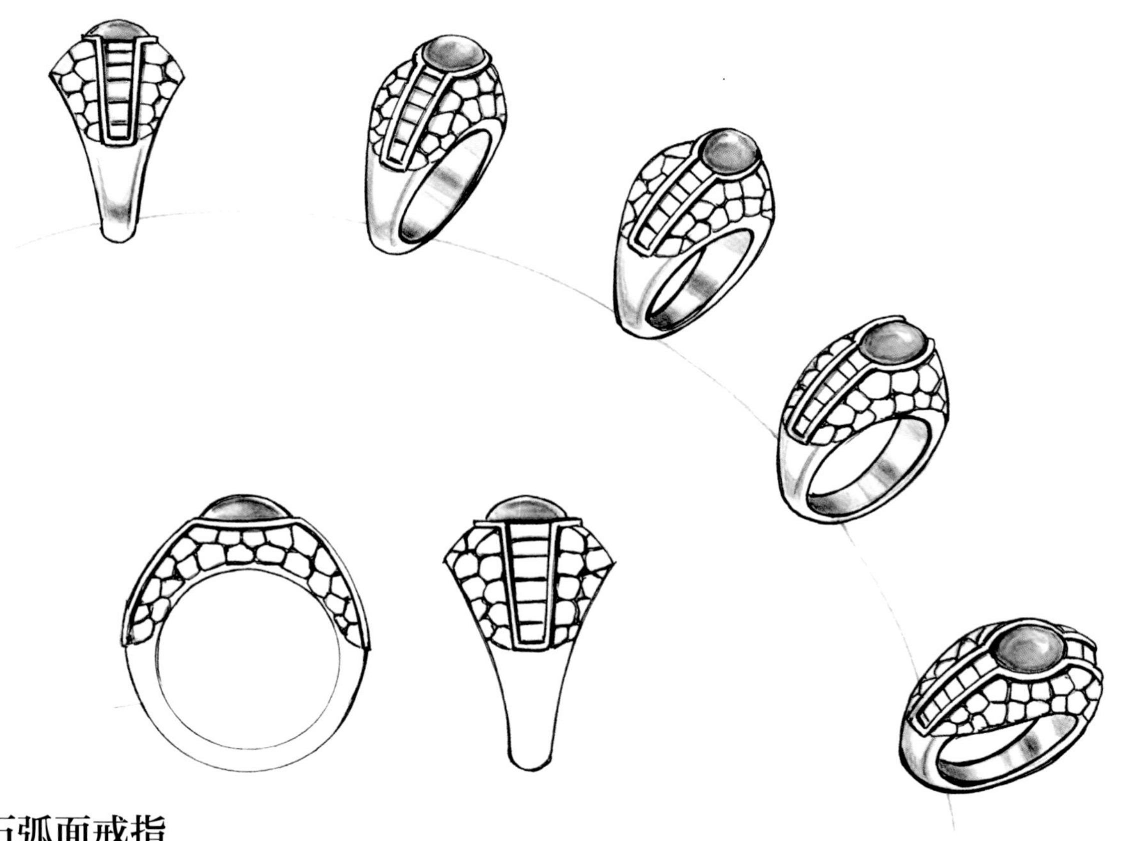

镶嵌宝石弧面戒指

在这个系列的图纸中，我们可以看到戒指如何从正视角度逐渐过渡到侧视角度，这是十分有趣的。这是通过旋转视觉轴来表现戒指不同的正投影视图而达到目的的。

徒手绘图的重要性毋庸置疑，用手绘的方法来对借助几何模板和圆规绘制而成的精细图纸进行修改，亦是一个必不可少的重要步骤。

这本书的目的在于教导读者如何徒手绘制首饰，并达到较高的艺术表现水平。徒手绘制有很多优点，尤其是在快速表达设计想法这个方面具有一定的优势。

草图是一种研究首饰造型与风格的方便而快捷的工具，它可以在一个未定型的形体上反复推敲造型或装饰，也可以从这个未定型的初级形态推出一个产品方案，并最终形成系列产品。

尺寸标注

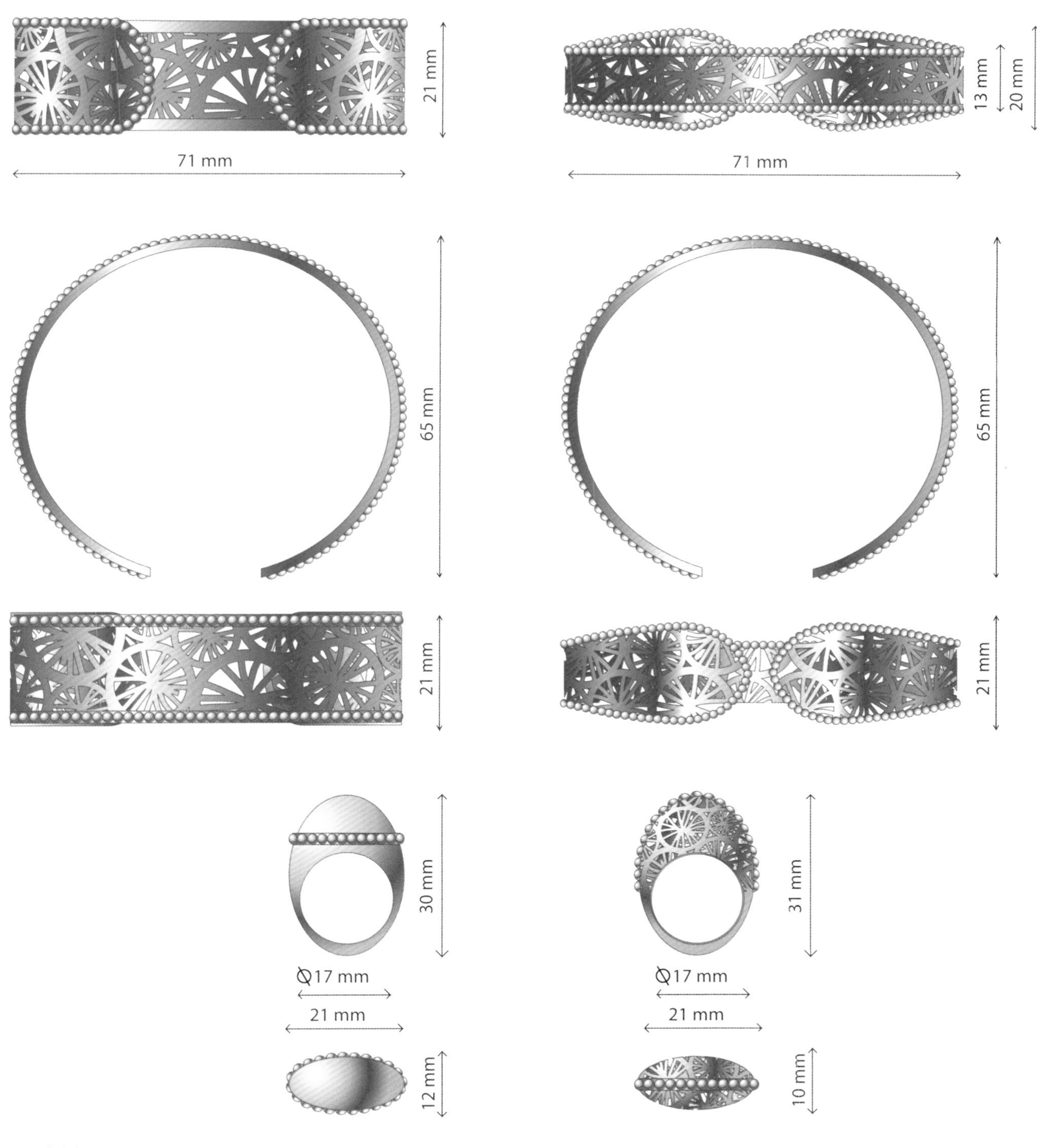

比例 1:1

如果技术图或局部细节图的每个部分都有清晰的尺寸标注，那将会给我们读图带来极大的方便。

尺寸标注由一系列的尺寸线组成，线的两端有箭头（或斜线）。

标注尺寸的线条，要比绘制首饰所使用的线条更细一些，一般位于首饰的轮廓线之外，尺寸数值平行标注在尺寸线的中央。

贵金属

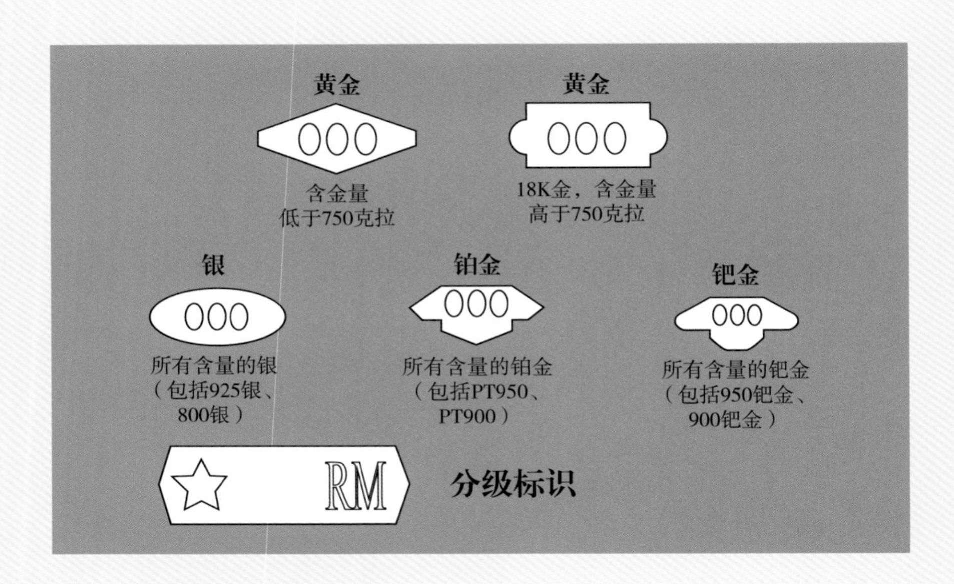

黄金

在首饰制作中，使用最为广泛的材料就是黄金。时至今日，由于极高的市值以及稀少的储藏量，黄金仍然是最受欢迎、最有价值的金属。这种珍贵的、闪闪发光的物质被发现于公元前3000年，尽管有证据表明，早在公元前6000年，阿尔卑斯山脉就已经开采出了第一块黄金。

黄金的名字来源于拉丁词“aurum”，它在元素周期表中的符号为“Au”。

除了用于制作贵重物品（由于黄金总是与财富和高贵联系在一起，因而成了高贵地位的象征），黄金常常被当成支付手段，成为一种投资，甚至被当成商品来交易。在所有的贵金属中，它的可塑性是最强的；即使是在高纯度的状态下，黄金依旧保持着特有的色泽。黄金永远是不透明的，并且耐腐蚀性极强。由于纯金太软，不利于制成精细的装饰，所以黄金常与其他金属融化在一起，制成合金，以提高硬度。国际上通用的符号“K”，是“Karat”的缩写，用来表示黄金的纯度。宝石的重量单位“克拉”（carat）的缩写为“ct”。

黄金的含量用数字来标明，这组数字标度系统共分24个级别，根据这个标度系统，24k表示纯金。

这些数字一般代表千分比。用于制作首饰的黄金一般使用以下纯度分级：

- 916‰纯金（等于22k：为22份黄金和2份合金之合）；
- 750‰纯金（等于18k：为18份黄金和6份合金之合）；
- 585‰纯金（等于14k：为14份黄金和10份合金之合）；
- 417‰纯金（等于10k：为10份黄金和14份合金之合）；
- 375‰纯金（等于9k：为9份黄金和15份合金之合）；

市场上的黄金因其加入不同的金属而呈现不同的色泽。

最受欢迎的是黄金、白金和玫瑰金。

黄金是与银、紫铜融合而成的合金，在市场上最为常见。

白金是黄金的现代变种，是黄金经历了漂白的处理过程。

玫瑰金也被称为俄罗斯金，因为自19世纪初以来，玫瑰金一直是俄罗斯人最喜爱的黄金色。玫瑰金是由纯金与紫铜融合而成，紫铜的含量越高，玫瑰色就越重。

银

白银从辉银矿层中提取而来，其历史可追溯到5000多年前。由于白银非常适合于首饰制作，所以，历史上几乎所有的文明都与白银有关。它常常被用于制作艺术品、餐具和陶器上。

银的化学符号是“Ag”，来源于拉丁文“argentum”。

纯银的延展性较好，其重量比黄金或铂金都要轻。白银通常与另一种金属例如紫铜融为合金，硬度会得以加强。银的纯度是以千为单位来衡量的，或者是把合金分解成一千份来衡量。例如，925银含有925‰的纯银，其余75份，或75‰则是其他金属。

同理，含银量958‰的银，也就是958银，其数值说明了含银量的最低限度。958银也是融合了其他金属的合金。

铂金

一般来说，黄金理所当然赢得了贵金属的美誉，铂金紧随其后。然而，实际上铂金的稀有程度是黄金的六倍。更重要的是，铂金比黄金更纯净、更坚固，密度更高。由于铂金的固有色为白色，其天然特性和耐久性特别适合于制作首饰。铂金没有刺激性，换句话说，它不会引起过敏反应。铂金的纯度和银一样，是以千为单位来衡量的。

金属的光泽及颜色

黄金的粉彩画法

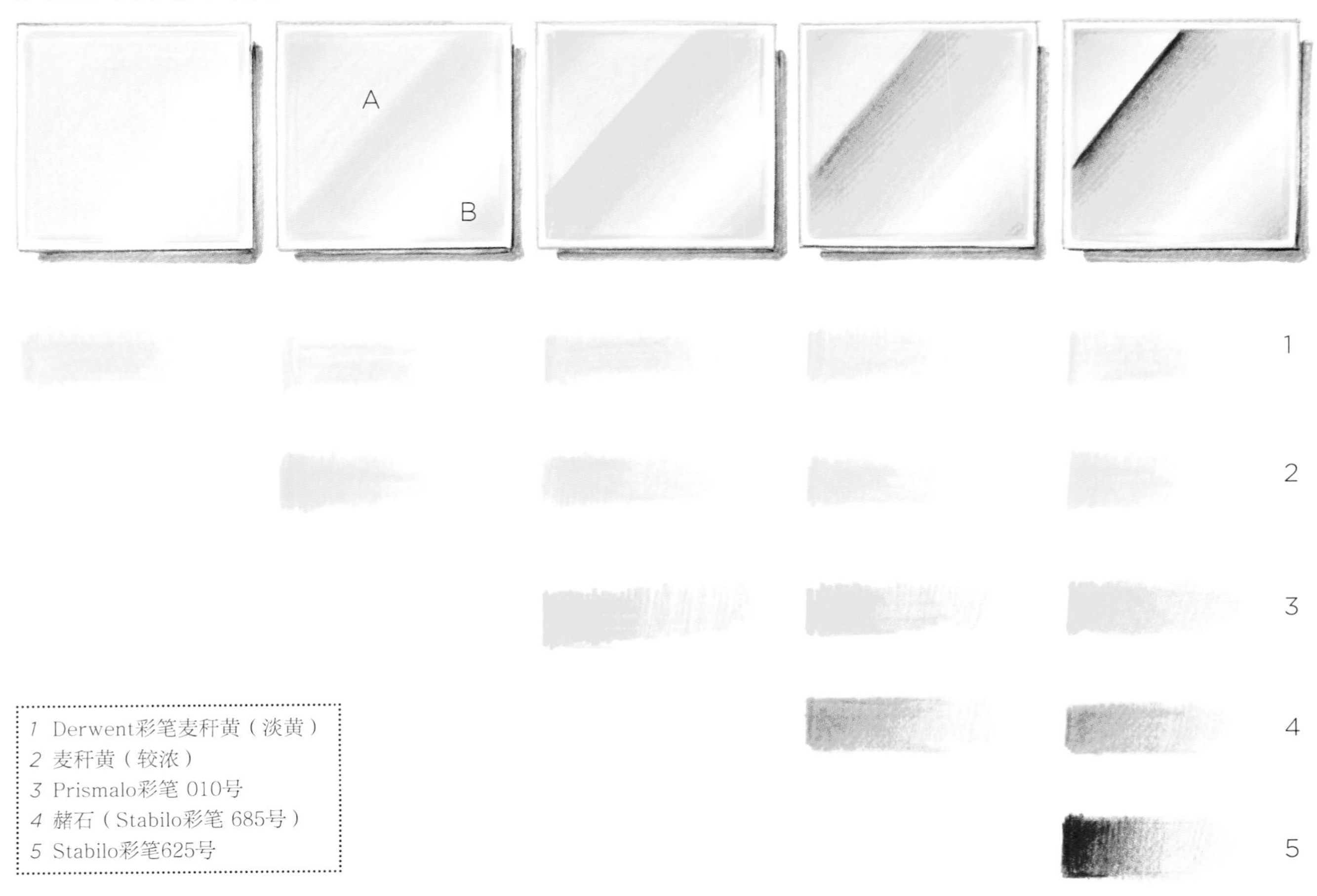

我们运用不同的绘画技巧来表现金属的多种效果。选择一种品质优良的水溶性粉彩和彩色马克笔来进行绘制。使用彩色铅笔，可以通过颜色的多层叠加来绘制清晰的、过渡自然的明暗调子。然而，为了获得令人满意的效果，你必须非常熟悉彩色铅笔的绘画技巧。每次在图纸上叠加多层颜色时，一定要使笔触尽量细致柔和。别小看了这些简单的技巧，这些技巧可以让你获得非常自然的过渡色调。

描绘黄金时，一般使用浅黄色、暗黄色、赭色和棕色彩笔。用硬度较高的铅笔在一张粗糙的纸上画一个正方形格子（1）；通常光源被设定为来自正方形的左上角。

（2）光线照射到正方形(A)的前半部分，然后从对角线开始上色，色彩从浅黄色、暗黄色再到赭石（3）和（4）。由于能够反射光线，所以，黄金通常都有很多反射面，我们在右下角（B）用淡黄色来表现黄金闪亮的表面质感。

使用Pantone马克笔画黄金

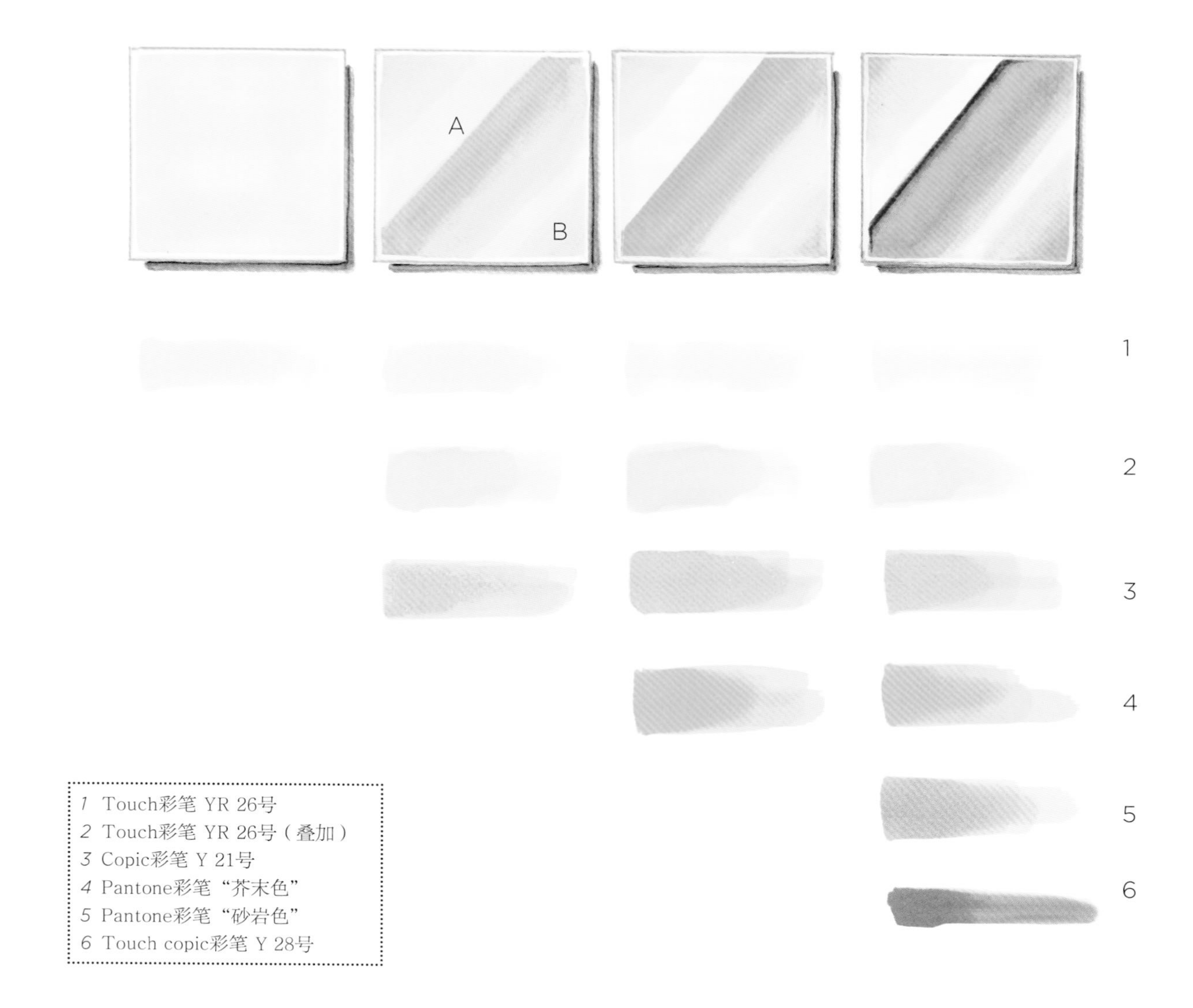

练习的最后一部分是用棕色将被照亮区域的边界涂上阴影(5)。

运用色彩渐变技法，我们可以很容易地获得两种颜色之间的渐变色。两种色彩的叠加过程创造了色彩的融合效果。注意绘制过程中注意力要集中。将第二种颜色逐渐叠加到第一种颜色之上，叠加时注意不要用力过大。

使用马克笔绘制时，请按照使用彩铅时的绘画顺序和色彩调子完成绘制。

使用多种媒介画黄金－蛋彩和水彩

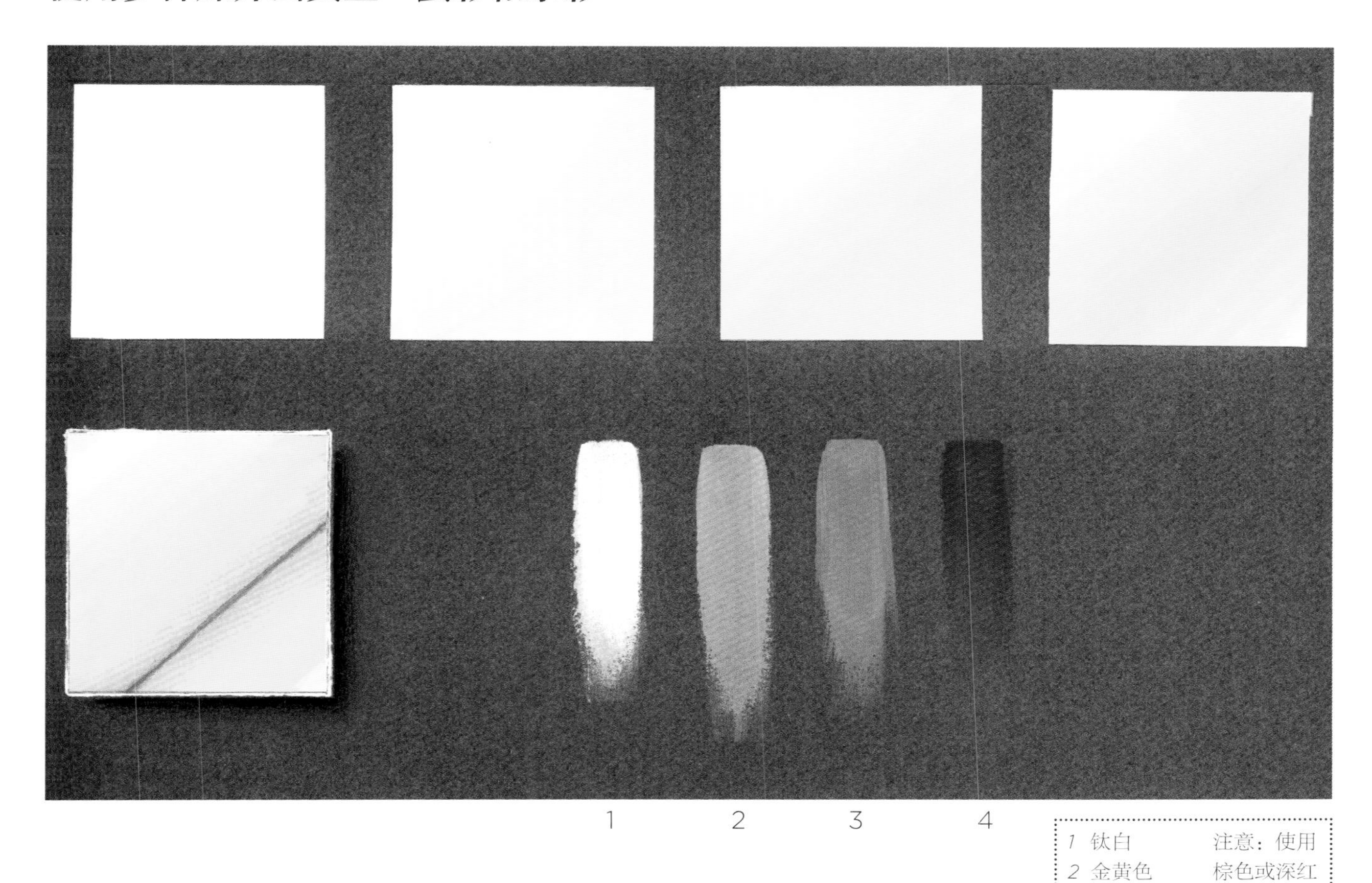

1 钛白
2 金黄色
3 赭石
4 棕色

注意：使用棕色或深红色的康颂纸来绘图。

使用AI绘图软件绘制黄金

先用蛋彩喷笔画一个均匀的钛白色画面，待颜色干燥后，根据要表现的金属的颜色，挑选黄色或灰色的喷笔在画面喷色。使用中号圆头笔刷，在画面上叠加笔触，使画面有更多的色条。

为了达到黄金亮黄色的效果，我们建议使用偏暖的黄色来绘制。

为了获得良好的渐变效果，在浅色区与暗影区之间不要有对比强烈的色彩。

要做到这一点，应尽量避免在浅色区与暗影区之间没有过渡色调的情况出现。

白金的粉彩画法

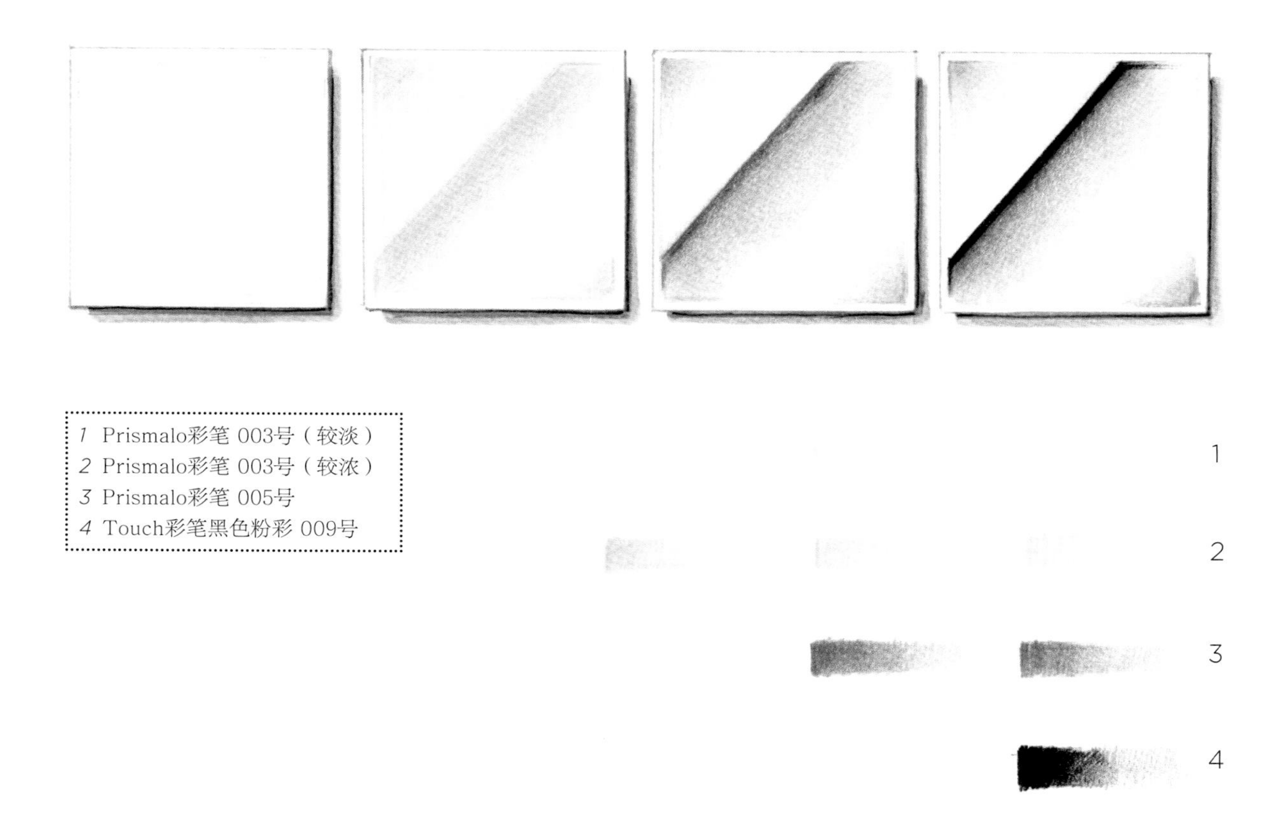

使用Pantone马克笔画白金

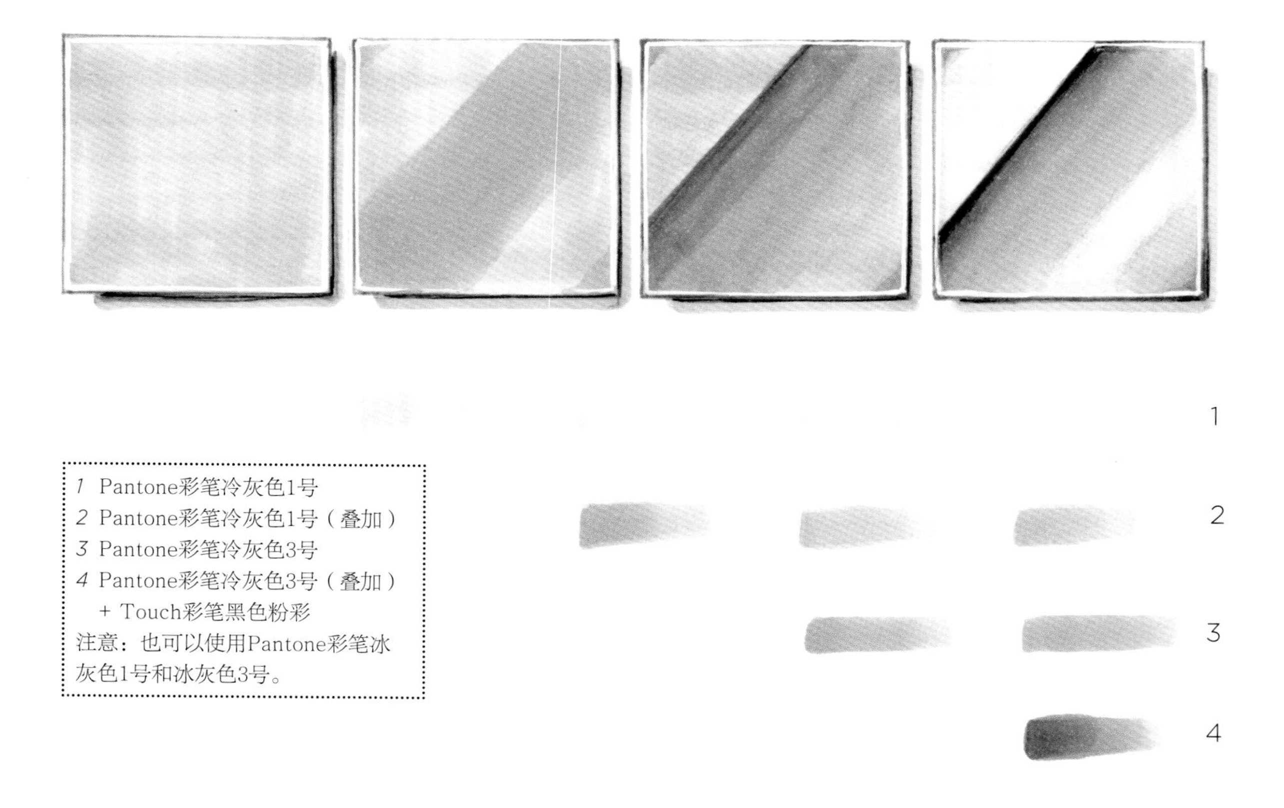

白金的蛋彩画法

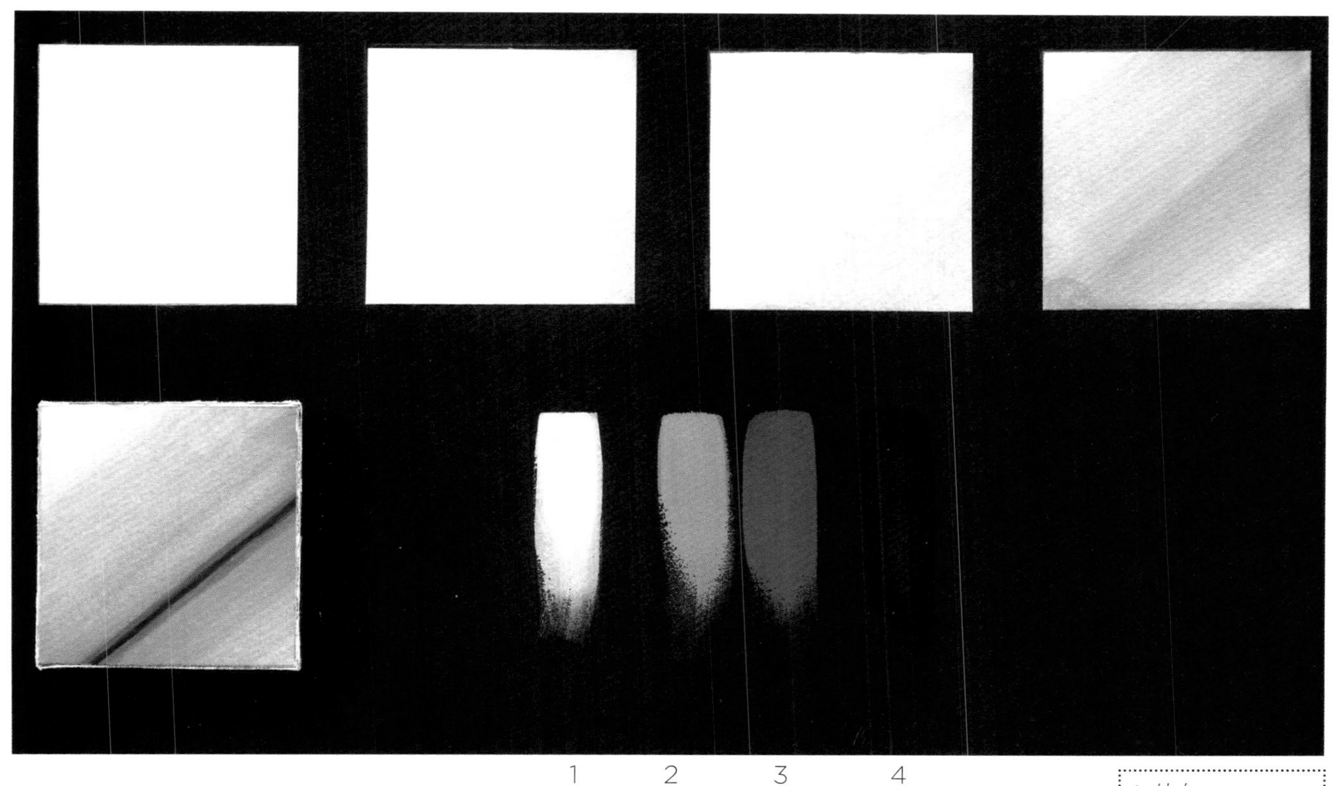

1　2　3　4

1 钛白
2 靛蓝灰色
3 深灰色
4 黑色
注意：使用蓝色或紫色康颂纸绘制

绘制白金时，黑色和三种类型的灰色都是必不可少的。
浅色区域使用纯白色，然后用灰色衔接，最后是黑色。一般来说，可以使用深灰色或深蓝色调的混合色来代替纯黑色，而不要直接用纯黑色来画白金（黑色和灰色最终都会逐渐过渡到纯白色）。
为了获得明亮的白色金属（银、铂金、白金）效果，我们建议使用颜色偏冷的卡纸来画图。

使用电脑绘制的白金效果

玫瑰金的粉彩画法

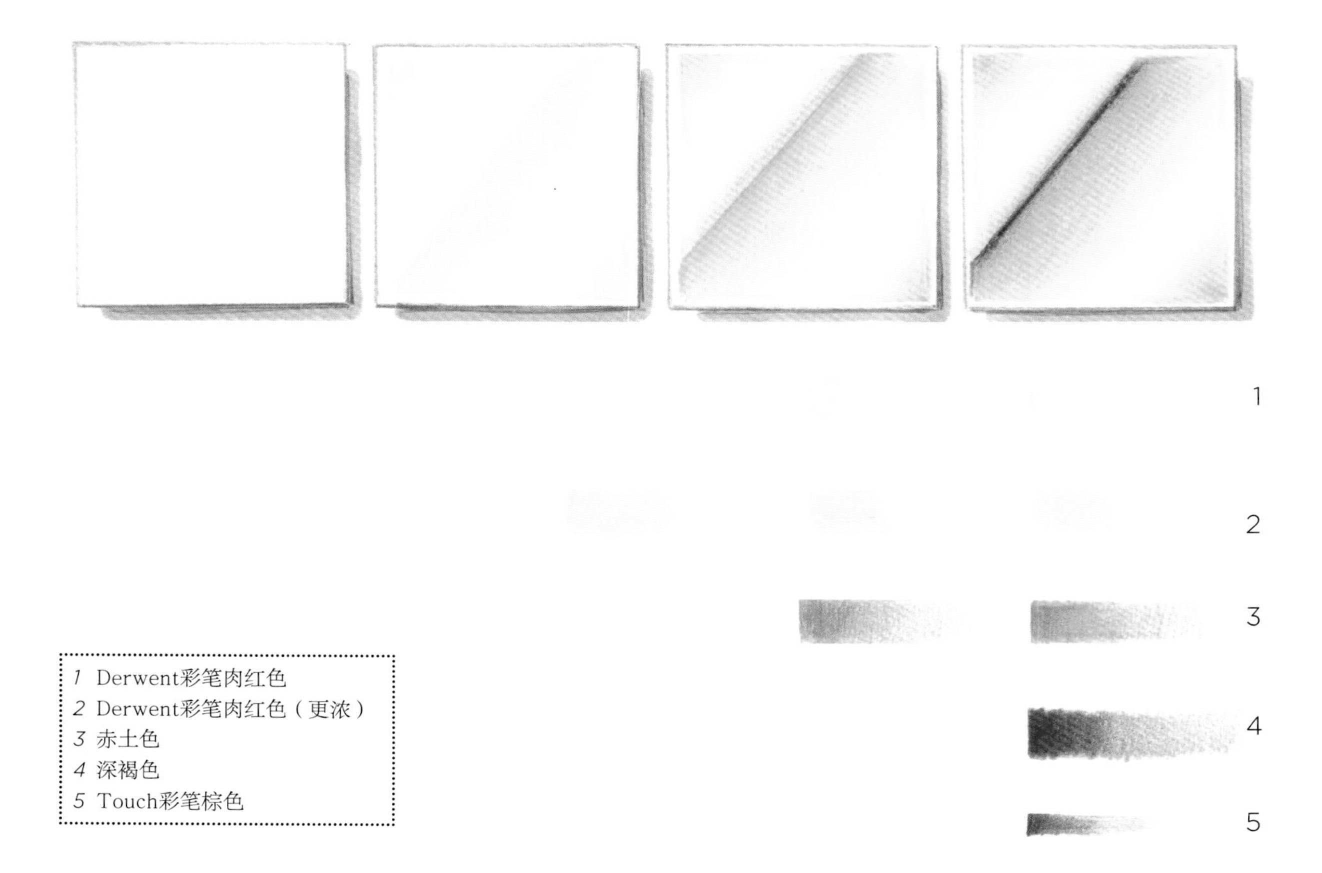

使用Pantone马克笔画玫瑰金

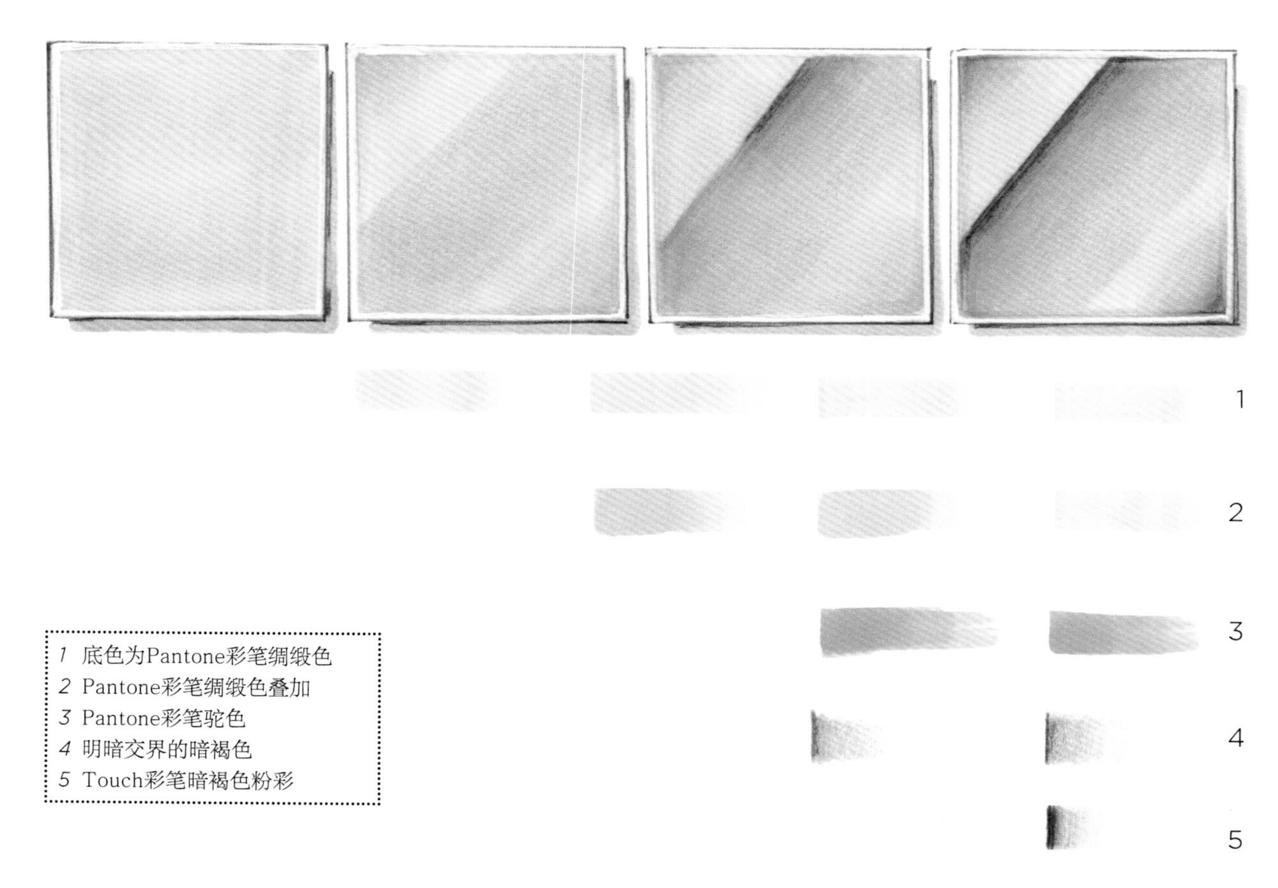

玫瑰金的蛋彩画法

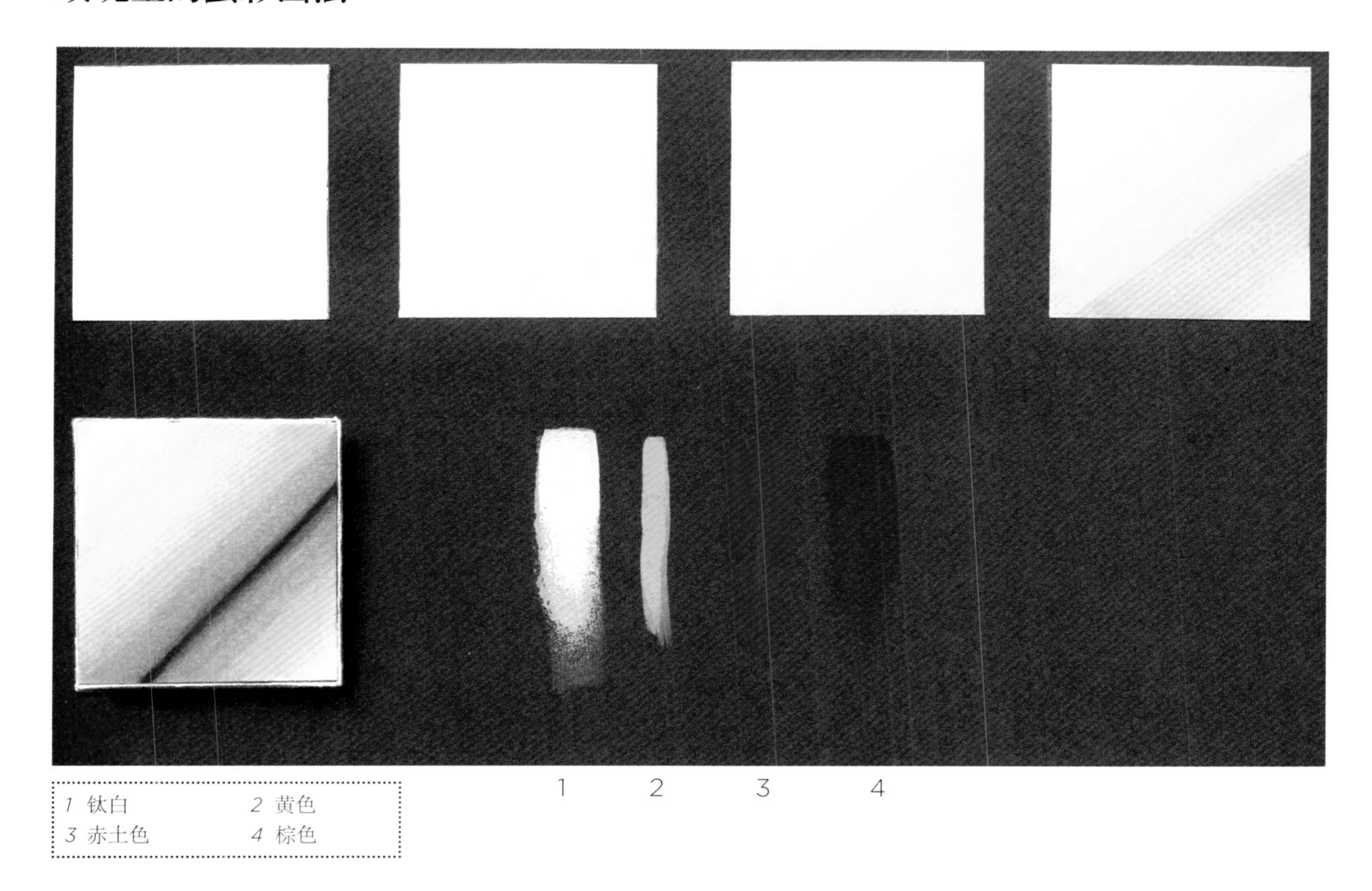

1 钛白　*2* 黄色
3 赤土色　*4* 棕色

使用电脑绘制的玫瑰金效果

基本形体的明暗画法：立方体

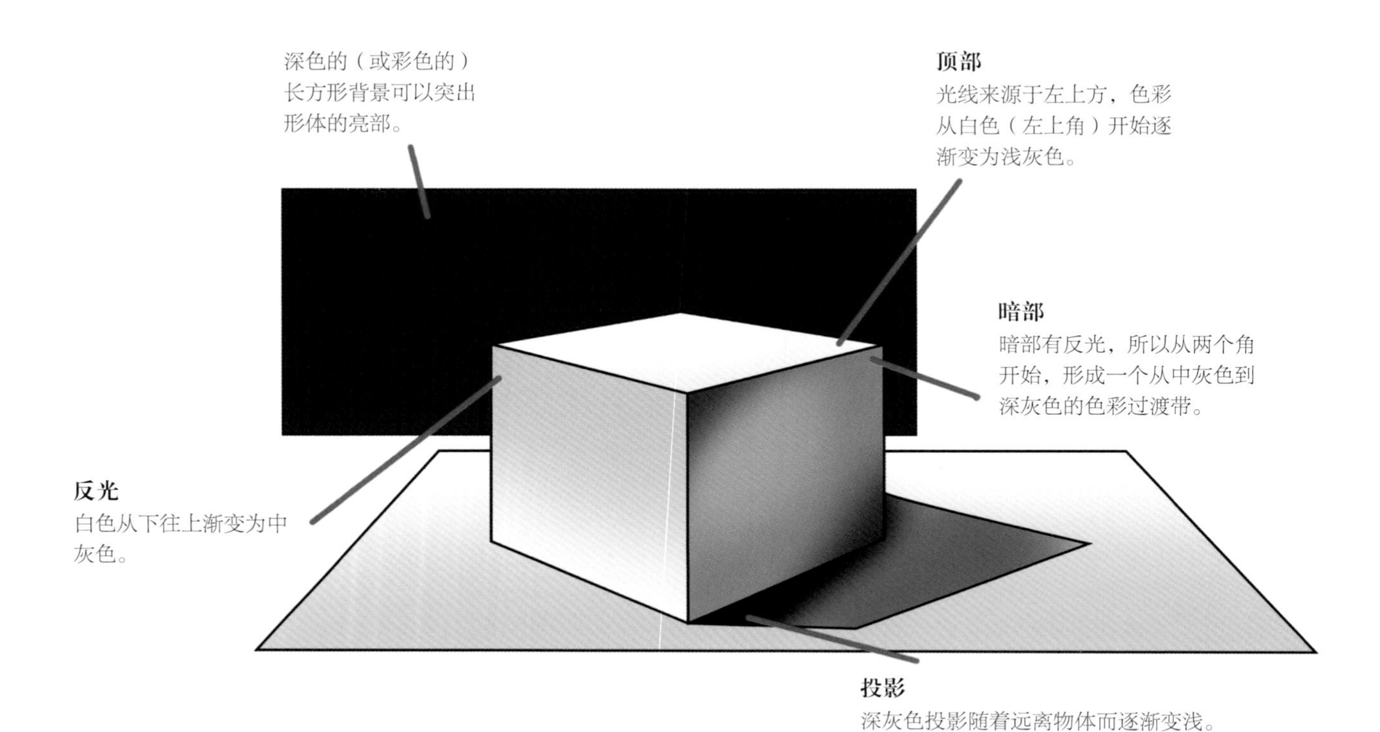

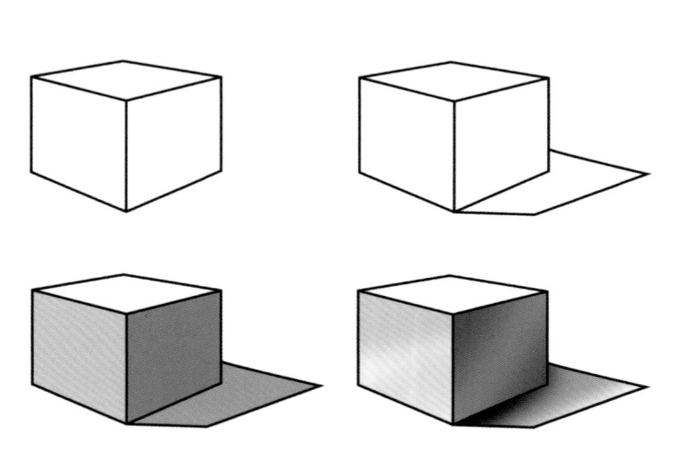

绘制

我们可以根据不同的画法，来决定是否绘制轮廓线。通常都会对效果图进行修改，所以，最开始描绘线条的力度一定要轻，这样不至于留下很深的笔触。最后，擦去结构线，只留下物体实际可见的线条。

完成品

抛光

－ 完成绘制：对首饰设计师来说，能够熟练地绘制金属物体是十分重要的。

这个阶段使我们第一次触摸到了设计中的产品。

能够生动地表现金属的质感，这意味着你对金属的固有特性有精准的理解。

－ 表现高亮的质感，在于顺着物体表面的形状来绘制色彩的渐变，并且分别强调物体的亮部和暗部，就像前面的例子说明的那样。

1 Pantone 彩笔4535T号　2 Pantone 彩笔617T号
3 Alfac彩笔 113号　4 Copic彩笔 E43号
5 Prismalo彩笔 049号

用Pantone彩笔的细笔尖密集地排列Z字形折线。

用深色记号笔画阴影，再用铅笔排列密集的Z字形折线。

缎面效果

使用从淡黄色到暗黄色的色彩系列，再到赭色和棕色，来表现黄金的颜色，暗部应该用平行的笔触来描绘。

尽管平行笔触画法是一种基本的素描表现手法，但它仍然是一个获得明暗对比，以及缎面金属效果的行之有效的方法。

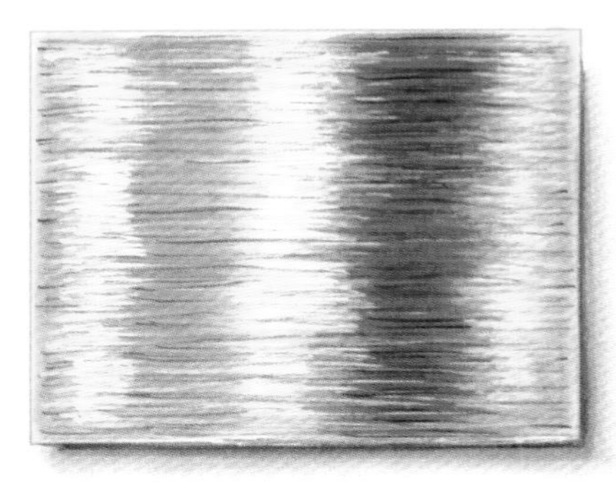

注意：首先运用不同的色彩来表现不同部位的暗部，再用铅笔添加线条来表现缎面效果。注意亮部应该使用较轻的笔触，暗部则使用较重的笔触。

拉丝质感

为了画出拉丝质感的效果，首先画几组不同方向的线条，然后在相邻垂直方向的区域画平行线条。这种画面看起来有织物般

的效果。为了获得更加浓密的拉丝质感，可以多画一些交叉线条来增加画面的密度。

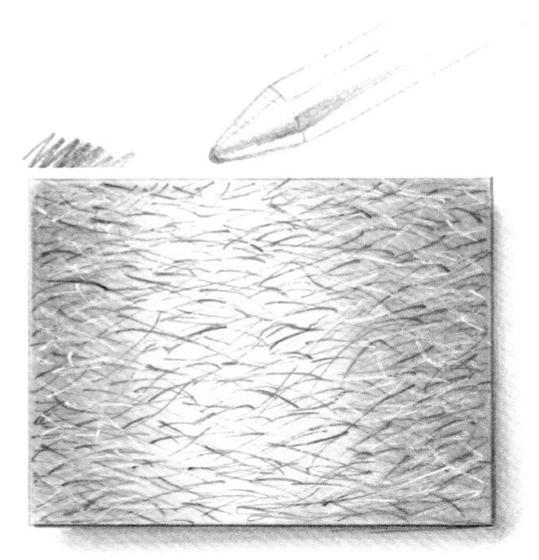

注意：上方的描绘示范展示了综合使用铅笔和粉彩来画阴影的技法。

喷砂效果

喷砂制作工艺由机械操作完成，它使得金属表面失去光泽而呈哑光效果。

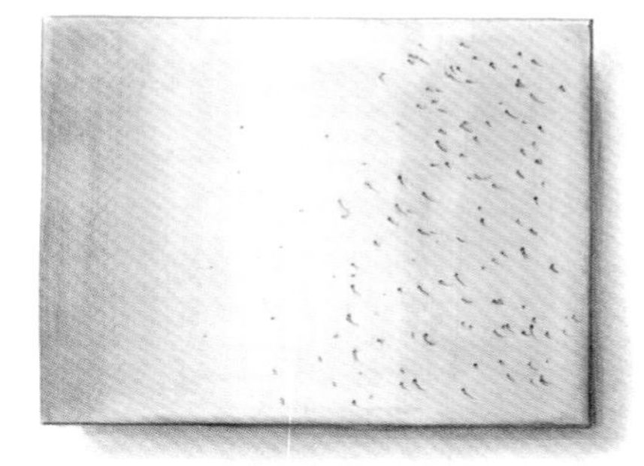

喷砂效果的绘制通常是在一个均匀的背景色上点缀小白点，或者是点缀我们想要的金属色的色点。

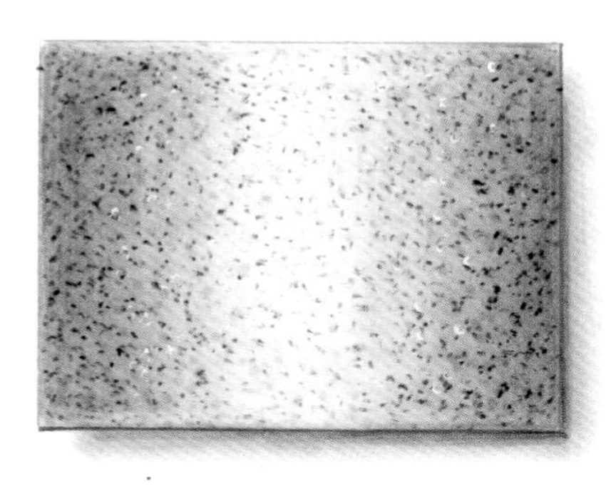

锤敲工艺效果

锤敲工艺通常用于盘子、花瓶和其他手工制品的制作。这种工艺也可以用于一件器

物的外部表面装饰。锤敲工艺使用特制的锤子来进行工艺操作。

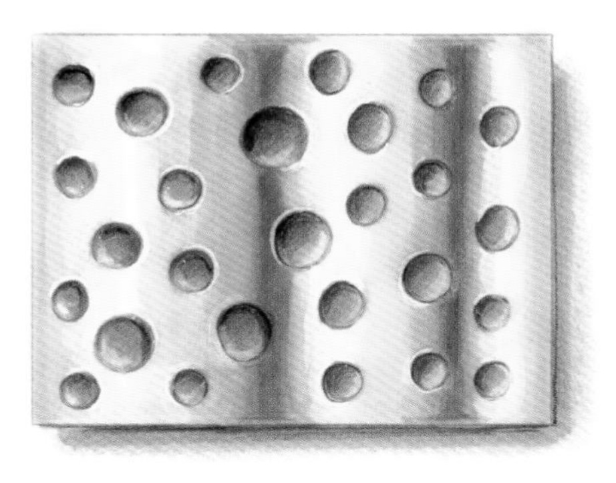

表现凹凸不平的锤敲工艺效果，可通过绘制凸起和凹坑来达到效果。首先画一些不

规则的小圆形色块，然后在表面画上阴影使金属具有抛光的质感，再在这些小圆形

里面画投影，以表现凹坑具有一定深度。

投影和明暗对比

下面的例子将帮助你了解基本的多面体以及多面体是如何吸收光线的。在机械制图的过程中我们已经了解到投影理论的基本原理。现在，我们将要绘制这些物体，运用一定的色调，并用明暗法来突出物体的造型。首先，我们要任意选择三种平面图形绘制技法（比如彩铅画法、马克笔画法、混合材料水彩画法）。

每一种绘制技法我们都将绘制至少一个版面的示范图形，在这里我们将尝试绘制首饰以及给首饰涂上明暗调子。绘图次数的多与少并不重要，重要的是我们对明暗法以及如何运用明暗法要有相当的自信。理解明暗法的基本原则至关重要，这样你就可以在不同的情况下对明暗法运用自如。

首先，运用轴测法画出物体，按照前面课程的指导方法画出投影的轮廓。然后添加基本的阴影面，在阴影区域（投影线后面的面）画上深灰色的色调，而被光线倾斜照射的面则画上中灰色的色调。三面体非常适合表现灰色调不同的深浅度。让我们把每一块面（以一个立方体戒指为例）用三种不同深浅的灰色来表现，（即受光面为浅灰色、侧光面为中灰色、背光面为深灰色），我们假定这些灰色值的比率如下：深灰色（3）的色值介于浅灰色（1）和黑色之间，而中灰色（2）的色值则介于另外两种灰色（1-3）也即深灰色和浅灰色之间。比如，如果对象是白色的物体，我们可以将第1个面界定为白色，那么第3个面的灰色深浅度大约为50%的黑色，第2个面则为25%的黑色。如果对象是一个深色物体，其第1个面的灰色值是60%的黑色，那么第3个面的灰色值则是80%，而第2个面的灰色值是70%。现在，我们可以进一步考虑四个灰色面的画法，把物体的阴影当成第4个面，通常它比第3个面的灰色要略浅一些。作为物体的支撑面，阴影的灰色比物体的背光面浅一些是很正常的，否则阴影的灰色值就与阴影之外区域的灰色值一样了。

用这个简单的方法确定了基本的颜色之后，我们就可以根据不同的受光面和轮廓来添加过渡色的方法，强调或突出物体的造型。一般而言，接近浅色区域交界线时，我们就要使用逐渐变深的色彩，反之则使用逐渐变浅的色彩。我们在画彩色效果图时，物体的背光部分不能仅仅消失在灰色调中，而应该有物体的固有色（比如一件蓝色物体，其背光面不仅仅是灰色的，更多的是蓝色）。物体阴影中的色彩也是如此，不仅仅有灰色倾向，其固有色也应该较为明显。

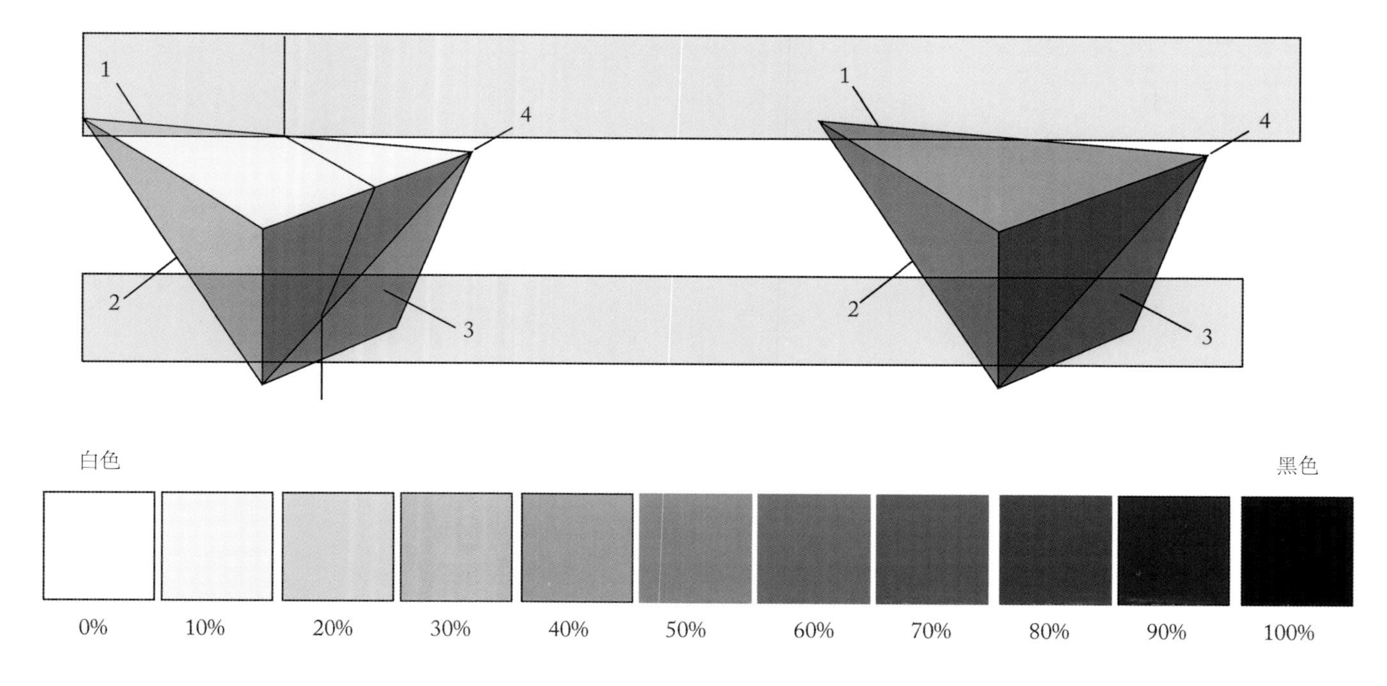

几何立体戒指的前期
设计草图示例。

立方体的面

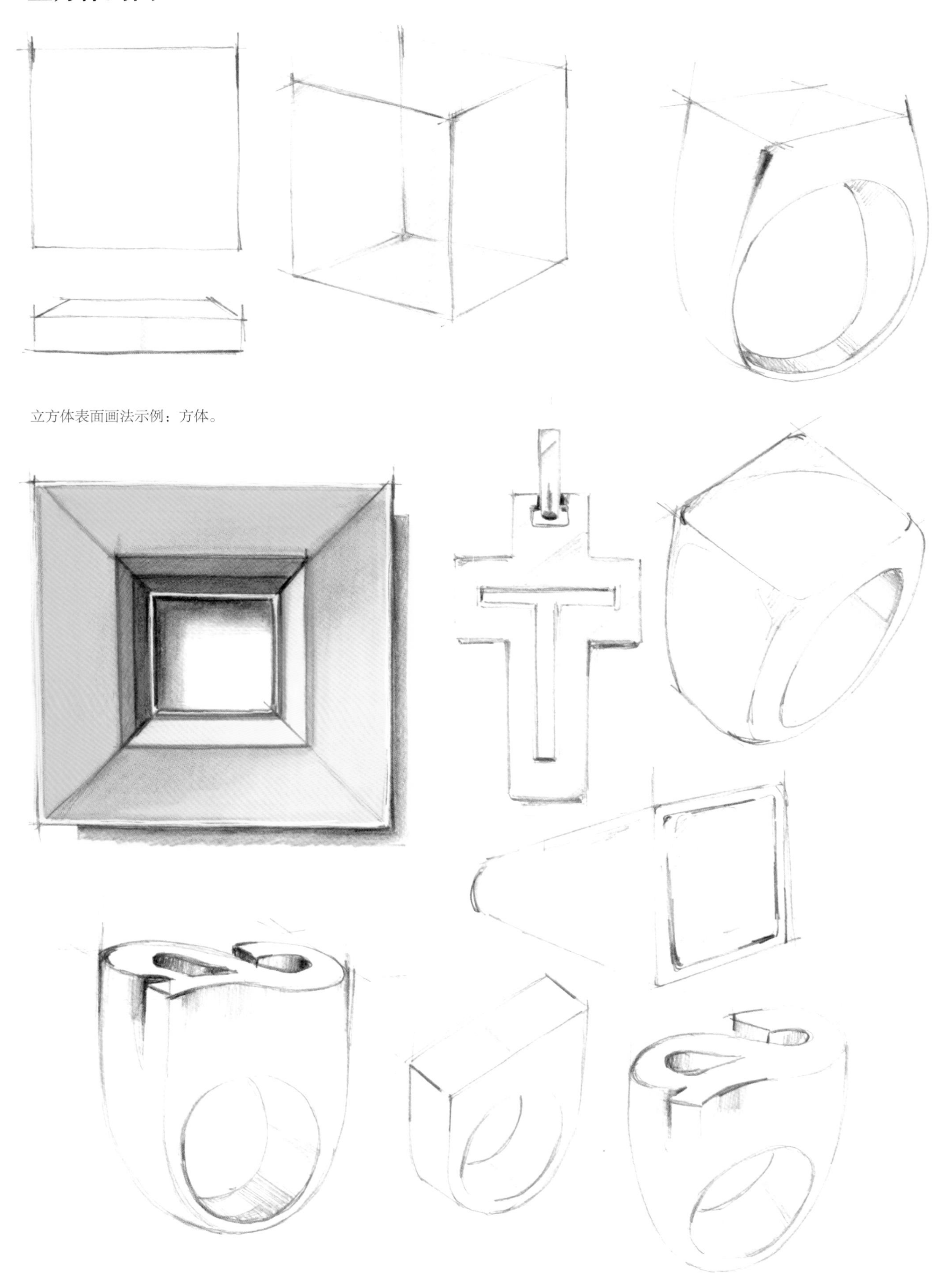

立方体表面画法示例：方体。

基本形体的明暗图：球体

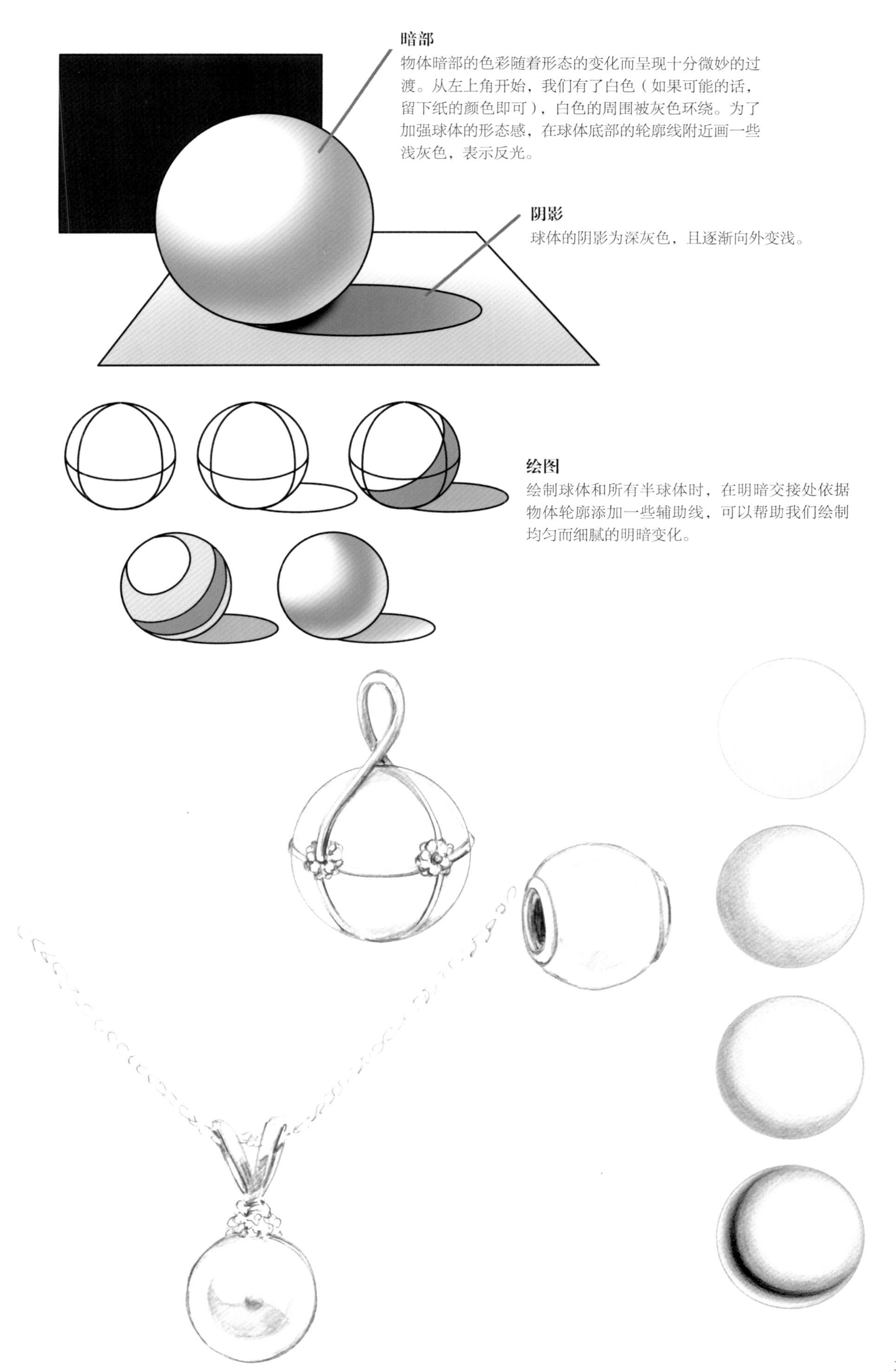

暗部

物体暗部的色彩随着形态的变化而呈现十分微妙的过渡。从左上角开始，我们有了白色（如果可能的话，留下纸的颜色即可），白色的周围被灰色环绕。为了加强球体的形态感，在球体底部的轮廓线附近画一些浅灰色，表示反光。

阴影

球体的阴影为深灰色，且逐渐向外变浅。

绘图

绘制球体和所有半球体时，在明暗交接处依据物体轮廓添加一些辅助线，可以帮助我们绘制均匀而细腻的明暗变化。

凹面

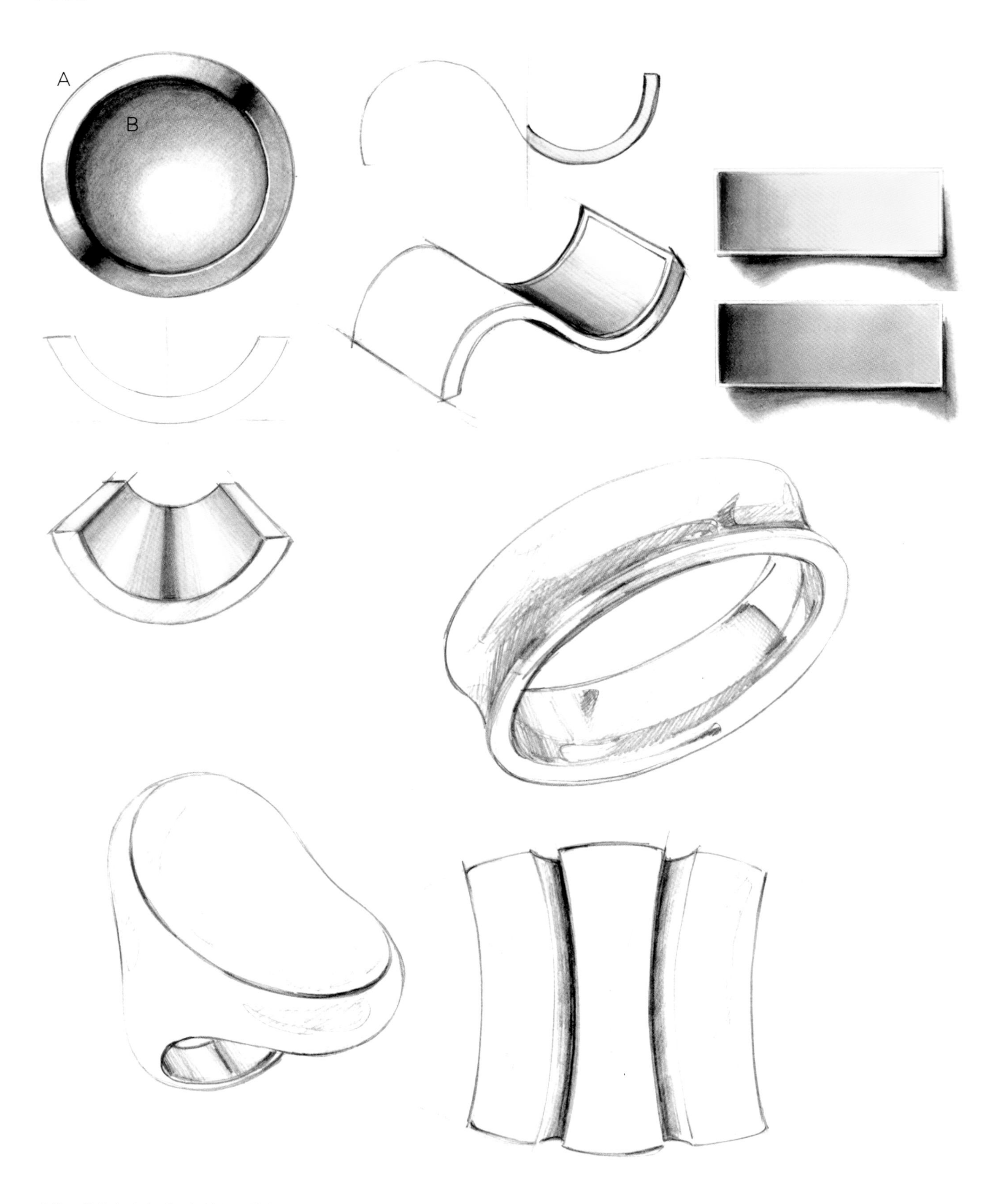

光线一般从左上角（A）射入；抛光后的金属表面反射率较高，光线与阴影的对比强烈。内部颜色较暗，并逐渐变浅，给人一种凹陷感（B）。

凸面

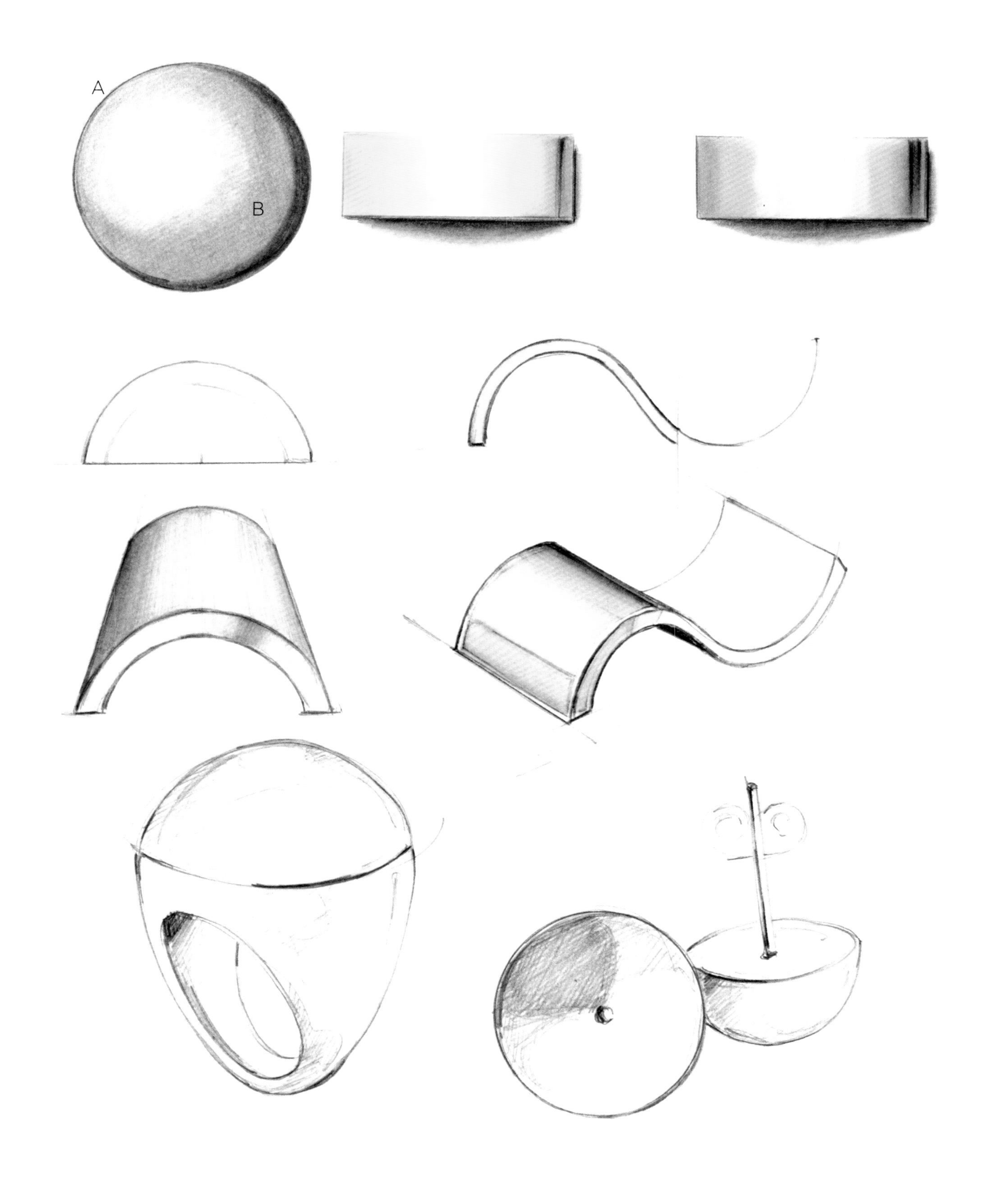

凸面和球面的阴影都是渐变的，受光区一般呈圆形，产生的明暗效果与光线照射凹面物体的明暗效果恰好相反。

光线从半球体的左上角（A）射入，然后逐渐消失在较暗的阴影中。
半球体后部的右下角（B）有较亮的暗影，那是反光（形成一个被照亮了的月牙形）。

半球体的面

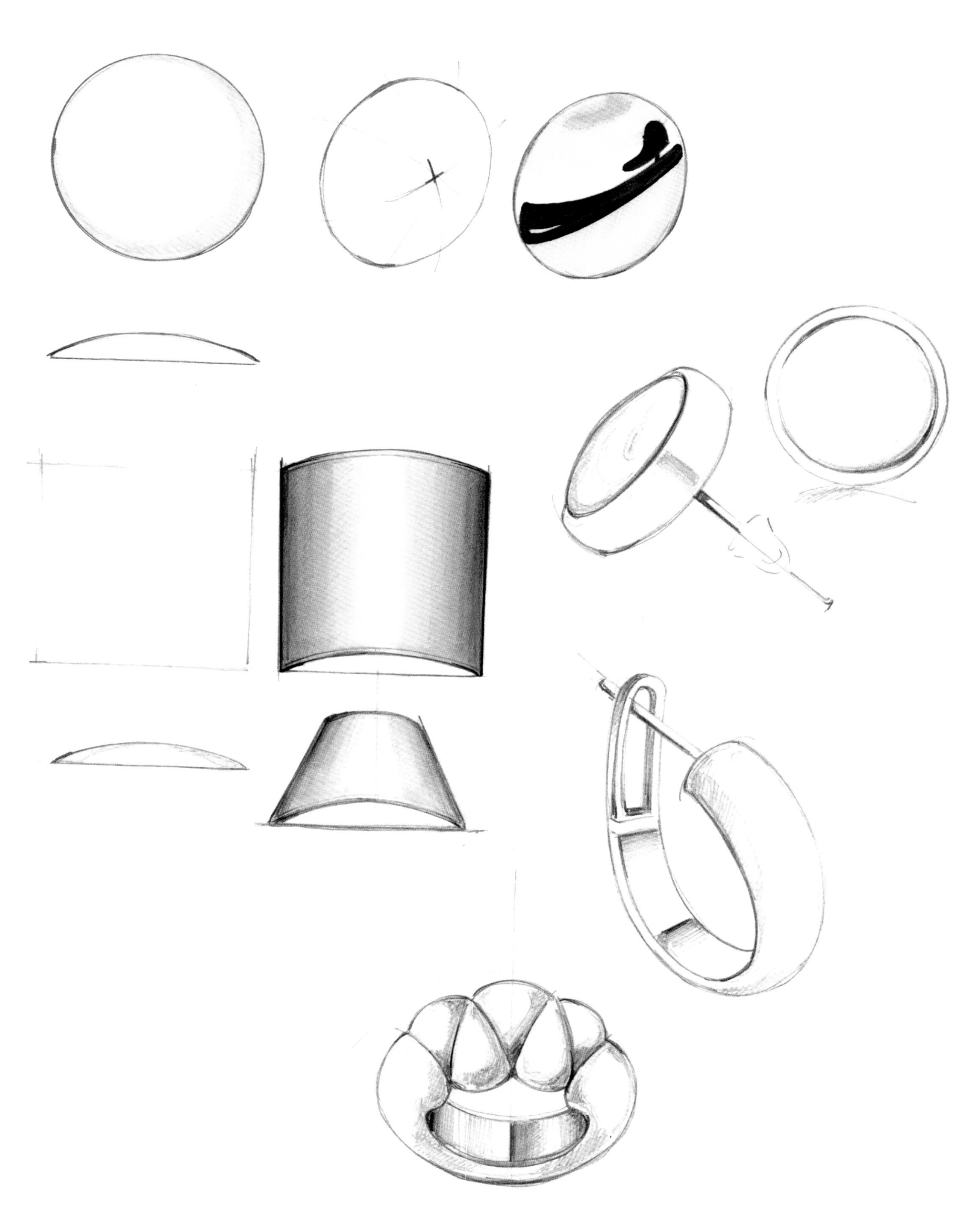

基本形体的明暗图：圆锥体

暗部

暗部是渐变的，形成一个由不同色调组成的三角形，这些色调在圆锥的顶点（或者光源照射的最远点）汇聚。

反射光

我们还将在圆锥体的另一侧使用浅色暗影，以此强调圆锥体表面的曲度，使圆锥的体积感从背景中脱颖而出。

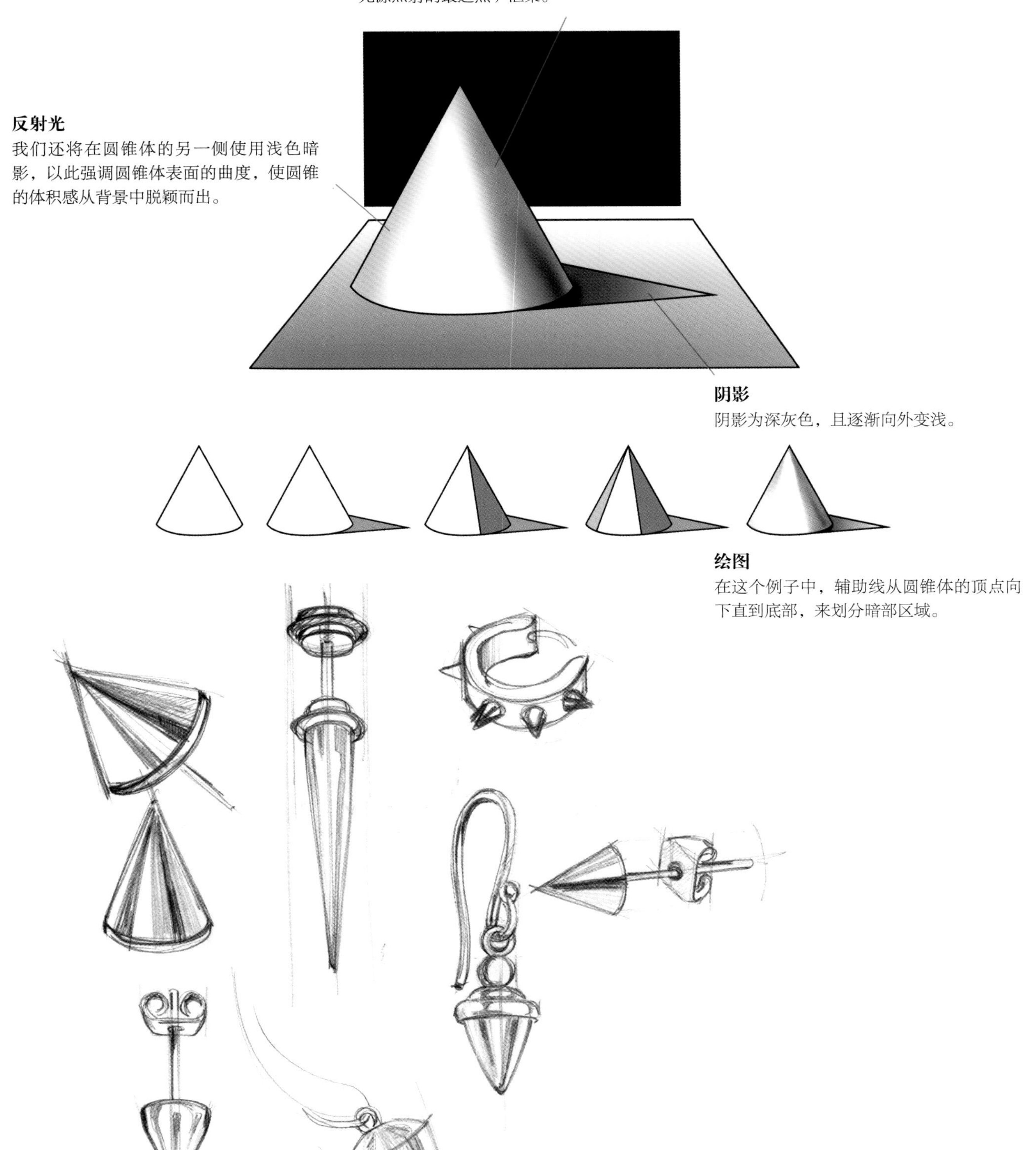

阴影

阴影为深灰色，且逐渐向外变浅。

绘图

在这个例子中，辅助线从圆锥体的顶点向下直到底部，来划分暗部区域。

锥体的面

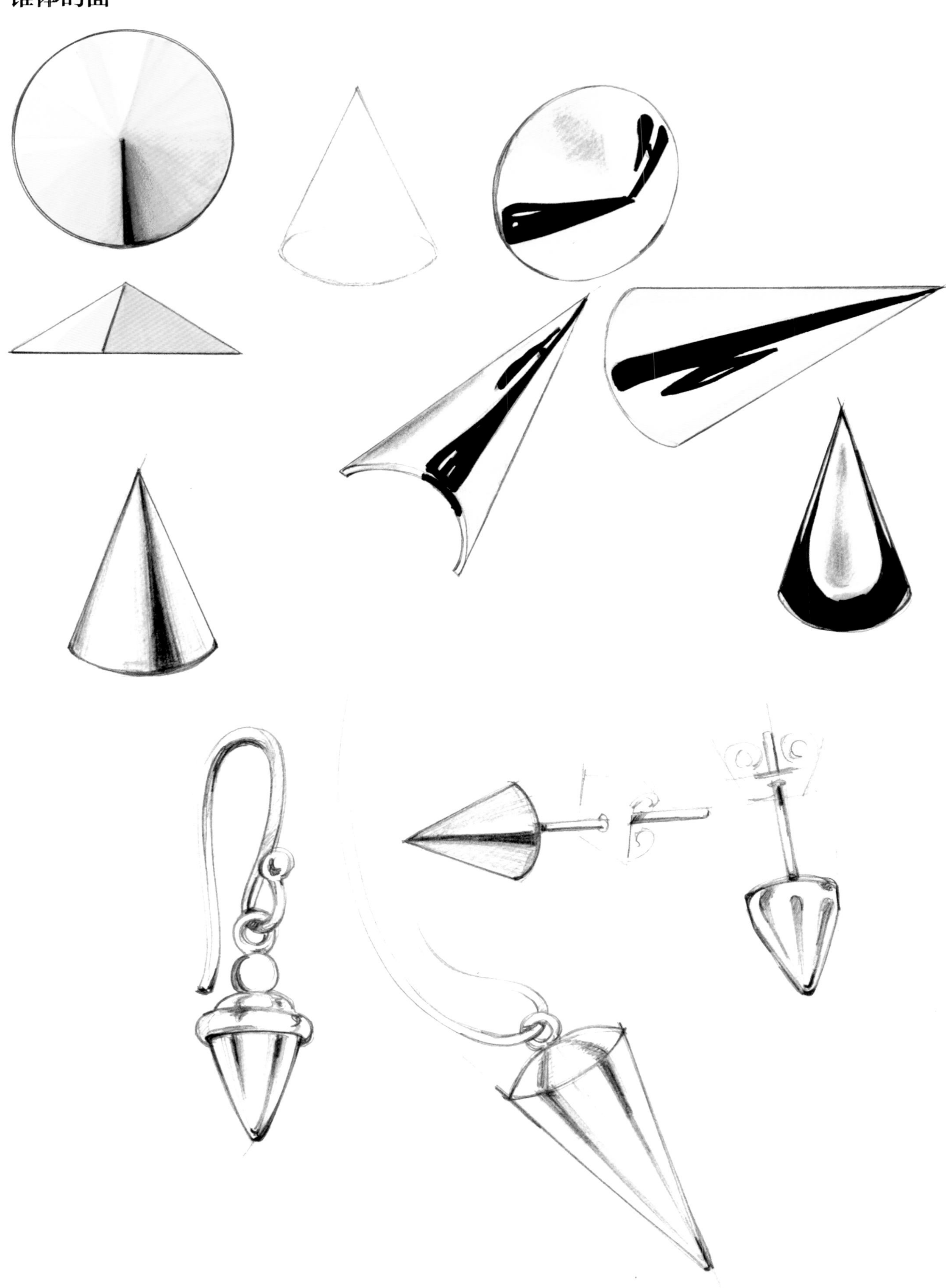

金字塔形的面

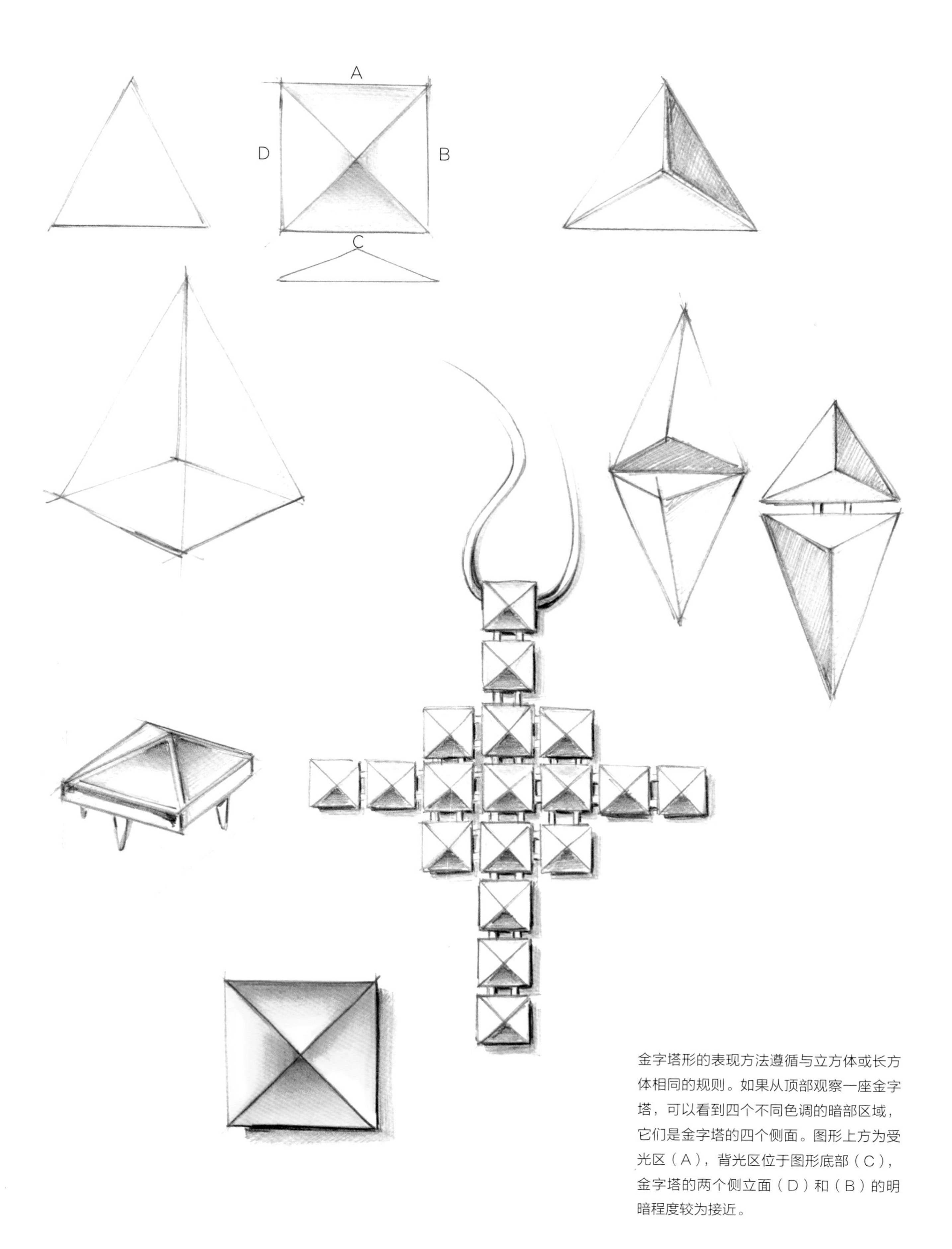

金字塔形的表现方法遵循与立方体或长方体相同的规则。如果从顶部观察一座金字塔，可以看到四个不同色调的暗部区域，它们是金字塔的四个侧面。图形上方为受光区（A），背光区位于图形底部（C），金字塔的两个侧立面（D）和（B）的明暗程度较为接近。

基本形体的明暗图：圆柱体

暗部
圆柱体的暗部色调是渐变的，一般呈垂直分布。相对于一般物体和圆柱体一侧的背光区，受光区通常位于圆柱体中心偏左的位置。

顶面
可以添加光影（由亮变暗）来突出圆柱体的立体感。

圆度
即使表面被完全照亮，也可以添加一些深色来强调圆柱体的进深感。

平坦的表面
可以添加明暗阴影来突出物体的立体感（可在与深色相邻的区域使用浅色，与浅色相邻的区域则使用深色）。

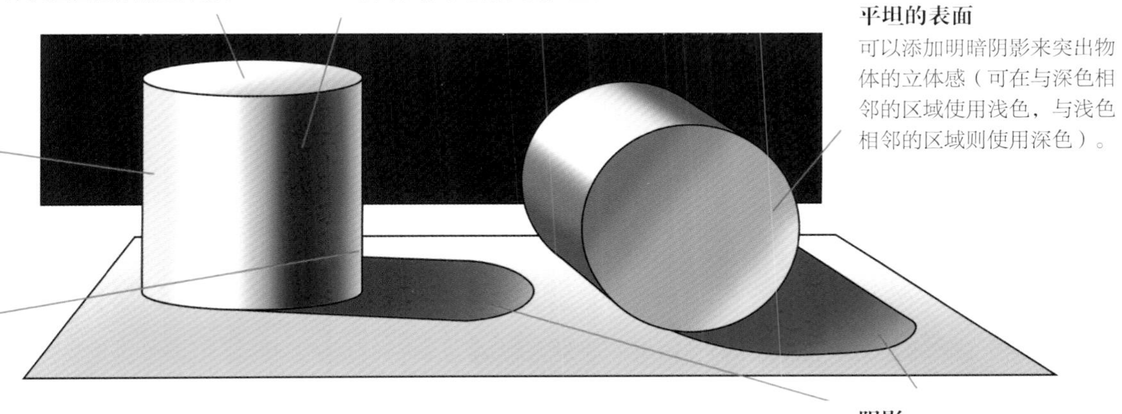

反光
一组由深至浅的明暗变化的反光，有助于使圆柱体从背景中脱颖而出。

阴影
阴影的色调从深灰色向浅灰色过渡，距离物体越远，灰色越浅。

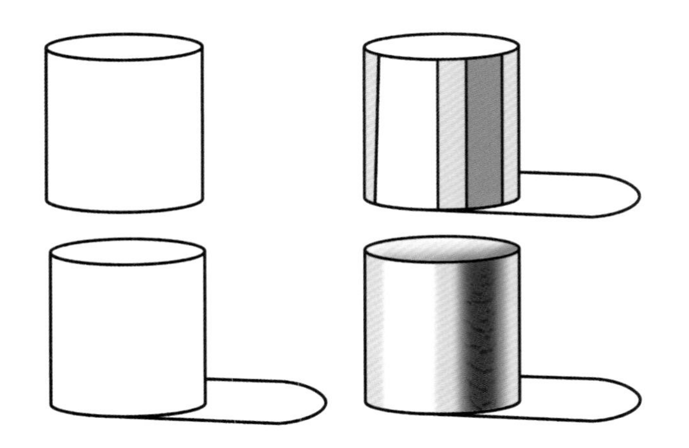

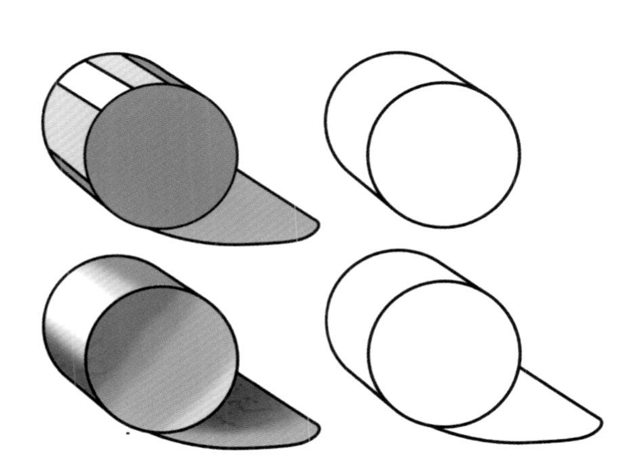

辅助线
辅助线用以指示光照区域，依照这些区域使用不同的色带。色带的方向应该与圆柱体的方向一致。

管子和圆柱体的面

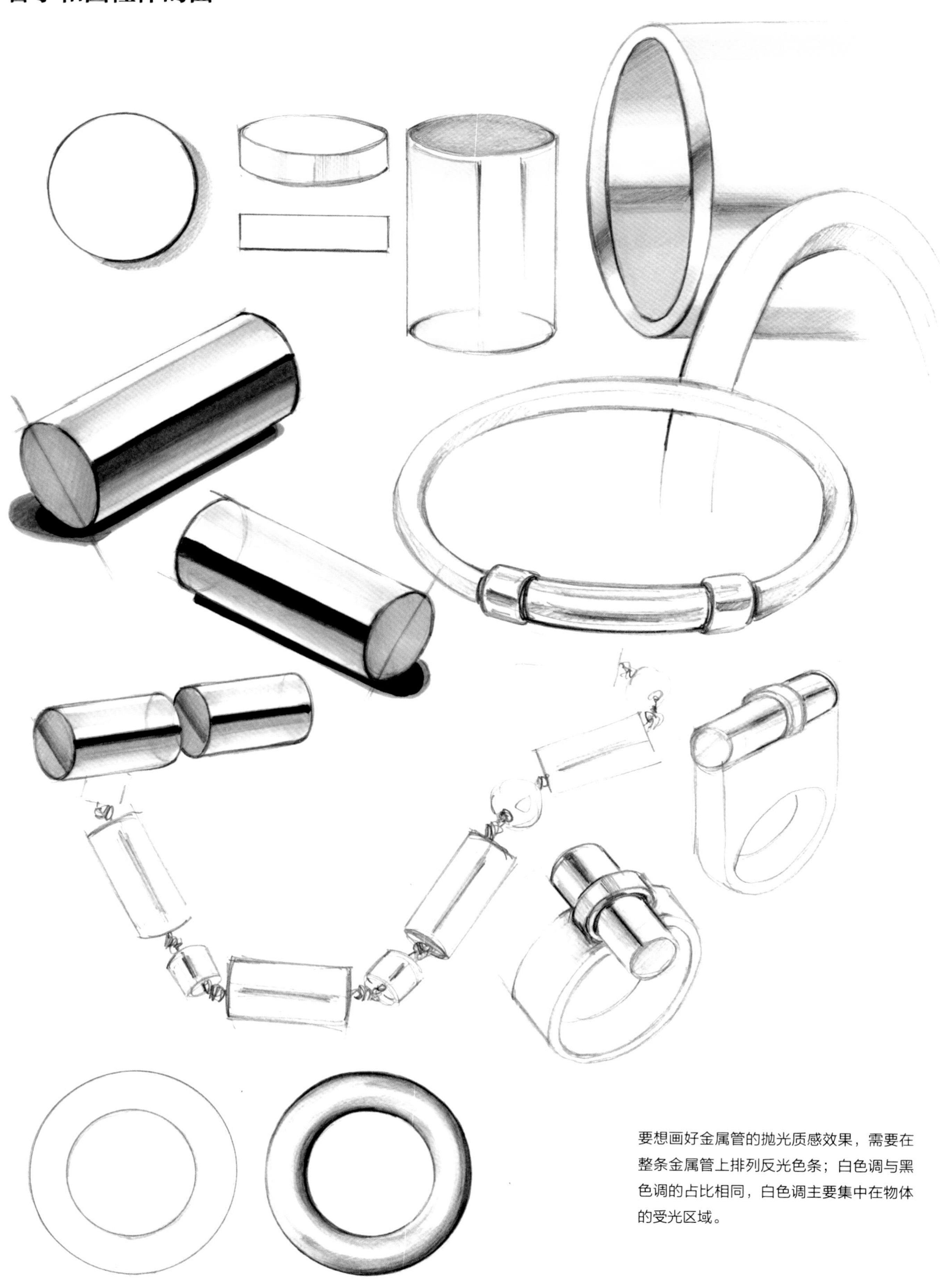

要想画好金属管的抛光质感效果，需要在整条金属管上排列反光色条；白色调与黑色调的占比相同，白色调主要集中在物体的受光区域。

珠粒

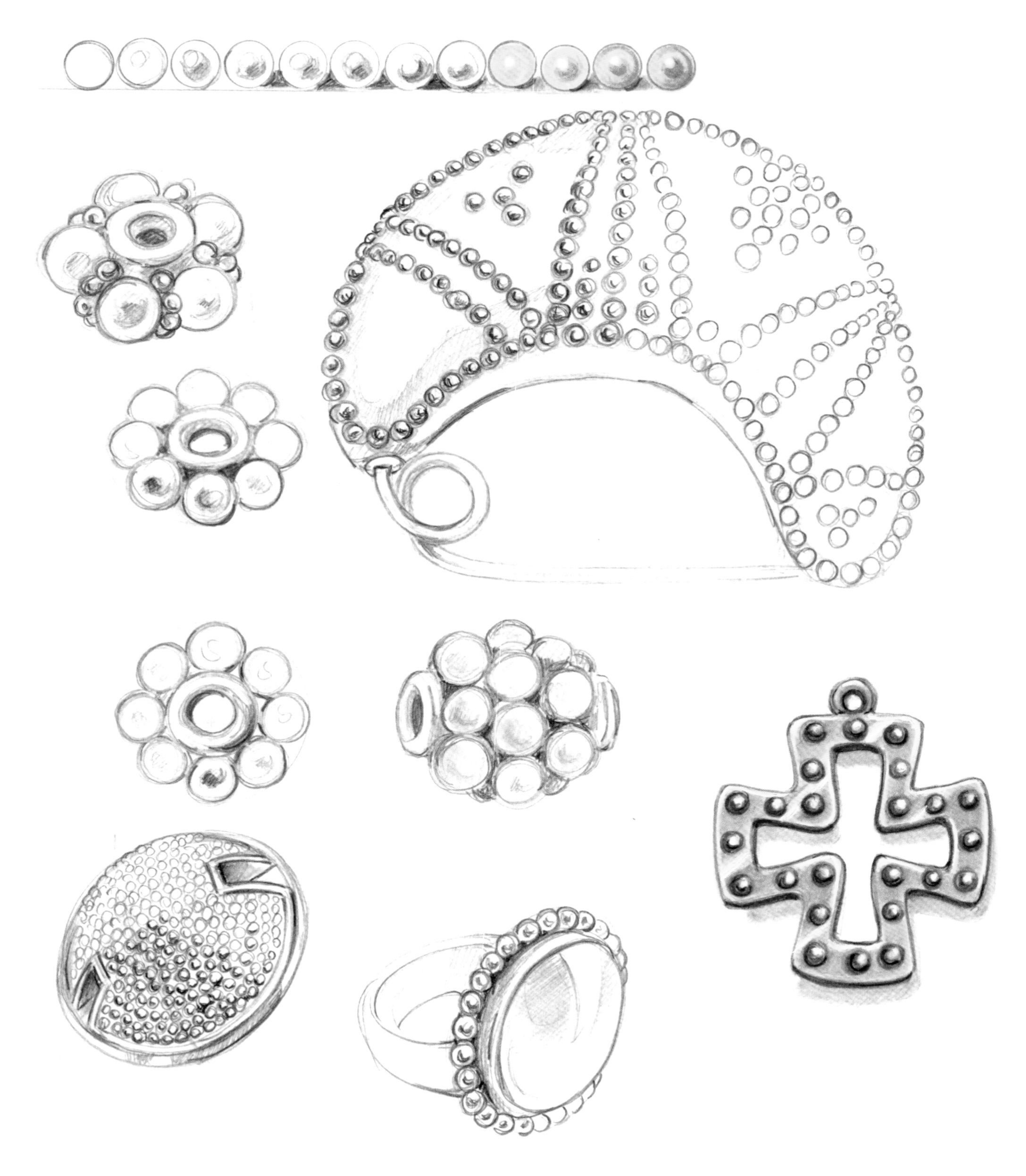

在首饰制作中，珠粒工艺是一种装饰工艺。通过这种工艺，被称为“金珠”的细小的黄金颗粒依据特定的工艺设计程序，被焊接在一个金属薄片的表面上。

当金珠的尺寸非常细小（直径达到0.1毫米）时，这些金珠聚集在一起，看上去就像“粉尘”。这种工艺是珠宝首饰制作艺术中极复杂、极迷人的工艺技术之一，运用平面图形表现技法来描绘这种工艺，需要有极高的绘图水平并精准地刻画细节。

画一组相互连接的小珠粒，从头到尾给小珠粒逐个上色，一定可以获得令人满意的效果。

花丝工艺

无疑，花丝工艺的名称来源是拉丁文，为两个拉丁名词的结合：filum意为丝线，granum grain意为细小珠粒。花丝工艺制品是一种特殊的金银制品，它由金属丝拧结、编织和焊接而成。这种工艺的绘制方法是画一根拧成特殊图案的金属绳，而光线分别照射在每一个独立的凝结个体之上。

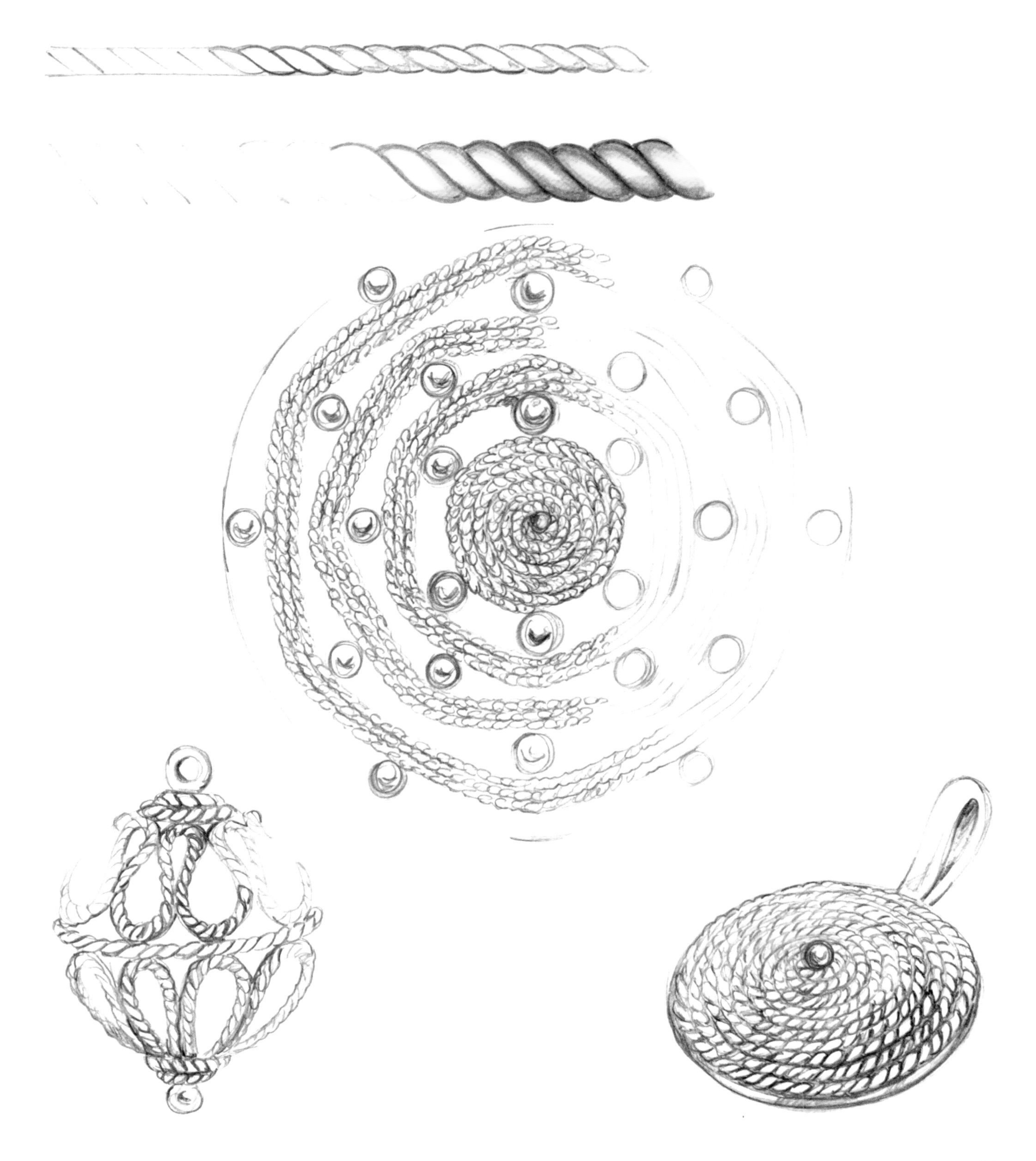

有机形体

在有机或不规则的形体中，光线通常沿着物体的边缘流动。当绘制含有多个抛光曲面的图纸时，亮色和暗色区域的分配应根据物体的轮廓而定，尽量表现得流畅、有韵律。

希腊—古代世界

阿芙洛狄特（公元前2世纪）
花环、花冠、黄金、雕金、花丝工艺和珠粒工艺

古代希腊，珠宝象征着权利、高贵以及神的祝福。

奢侈品的制作技术主要来自埃及，在那里，黄金已经成为主要的装饰材料。在罗马国家考古博物馆的壁画《阿瑞斯和阿芙洛狄特》中，描绘了爱神维纳斯佩戴了一条X形的黄金链子。这位女神的形象展现了古代珠宝大多与圣坛或圣殿有着密切的关联。这些贵金属珍宝，经由雕金、錾花、珠粒工艺和花丝工艺制作而成。在黑红双色花瓶的绘画作品中，我们可以看到叶状冠冕、挂有吊坠的项链、拧丝手镯和印章戒指，这些都加强了画中图像与奥林匹亚诸神之间的联系。而希腊诗歌时常会强调这种联系：关于维纳斯的诞生，赫希奥德（Hesiod）叙述道，维纳斯诞生的那一刻，“众神给她穿上了庄严而神圣的衣装，戴上了漂亮而制作精良的黄金头冠……”

珐琅制品与制作工艺

与初期工艺相比，尽管基本的珐琅加工工艺至今没有多大的改变，但珐琅工艺的起源相当古老。一般而言，金属胎的珐琅工艺是指将粉末状的玻璃原料熔化到金属表面的工艺。金属胎可以是贵金属，如黄金和白银，也可以是贱金属，如紫铜和青铜。这种制作装饰品的工艺在珠宝首饰发展史上有过多种不同的类型。

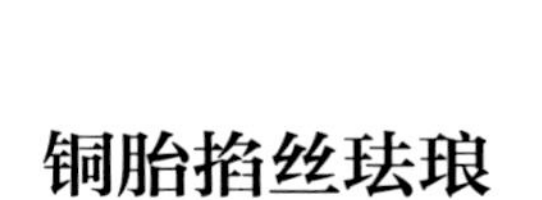

铜胎掐丝珐琅

这是一种将金属丝放置在金属底胎上，形成小空间或间隔从而固定珐琅（cloisons在法语中是“间隔”的意思）的工艺。在间隔中填充细碎的石英质釉料，然后经过高温焙烧，把釉料熔化后固定在金属底胎上形成釉料凝结层。由于釉料有受热熔化，冷却收缩的现象，这使得冷却后的釉料凝结层会有轻微的下陷。所以，我们需要再次填充釉料并焙烧。多次重复这个过程，直到釉料凝结层达到足够的厚度，最后对珐琅表面进行打磨抛光。

内填珐琅

这种工艺是指用雕刻和锤敲的方法，在金属表面制作出可以填充釉料的空间。然后，将这件器物进行焙烧，釉料经高温而熔化，冷却后紧紧附着在金属底胎上。

雕花半透明珐琅

这种工艺与内填珐琅密切相关，于12世纪末被引入欧洲。在这种工艺的制作过程中，金属表面的图案设计是通过雕刻或蚀刻的工艺来实现的，然后覆盖半透明的珐琅。由于半透明的珐琅具有渐变的色彩调子，所以烧制出来的图案有一种浮雕感。这种工艺最常用的金属底胎是白银或黄金。

錾花珐琅

这种珐琅工艺比较独特，最早在古希腊和埃特鲁里亚地区被用于首饰制作。那时，錾花珐琅工艺常被用于制作浮雕或圆雕的艺术形象。文艺复兴时期，尤其是文艺复兴鼎盛时期和巴洛克时期，錾花珐琅工艺是首饰制作的主要工艺之一。首饰的各种类型，比如胸针、吊坠、项链、戒指和耳饰等，都装饰有大量经由雕刻和铸造而成的黄金饰件。这些首饰上面镶嵌着未经琢磨或仅仅经过粗略琢磨的钻石与宝石，并镶满了珍珠。应该说，这些首饰并不是由某一个工匠制作出来的，而是由一群工匠制作出来的。这群工匠包括金匠、宝石琢形匠和珐琅工匠。安特卫普和米兰是进行这种首饰交易的两座主要的城市，此外，还有哈布斯堡、布拉格、巴黎和佛罗伦萨等城市也在这种首饰的贸易中占据重要地位。

珐琅饰品的样稿和草图

画珐琅

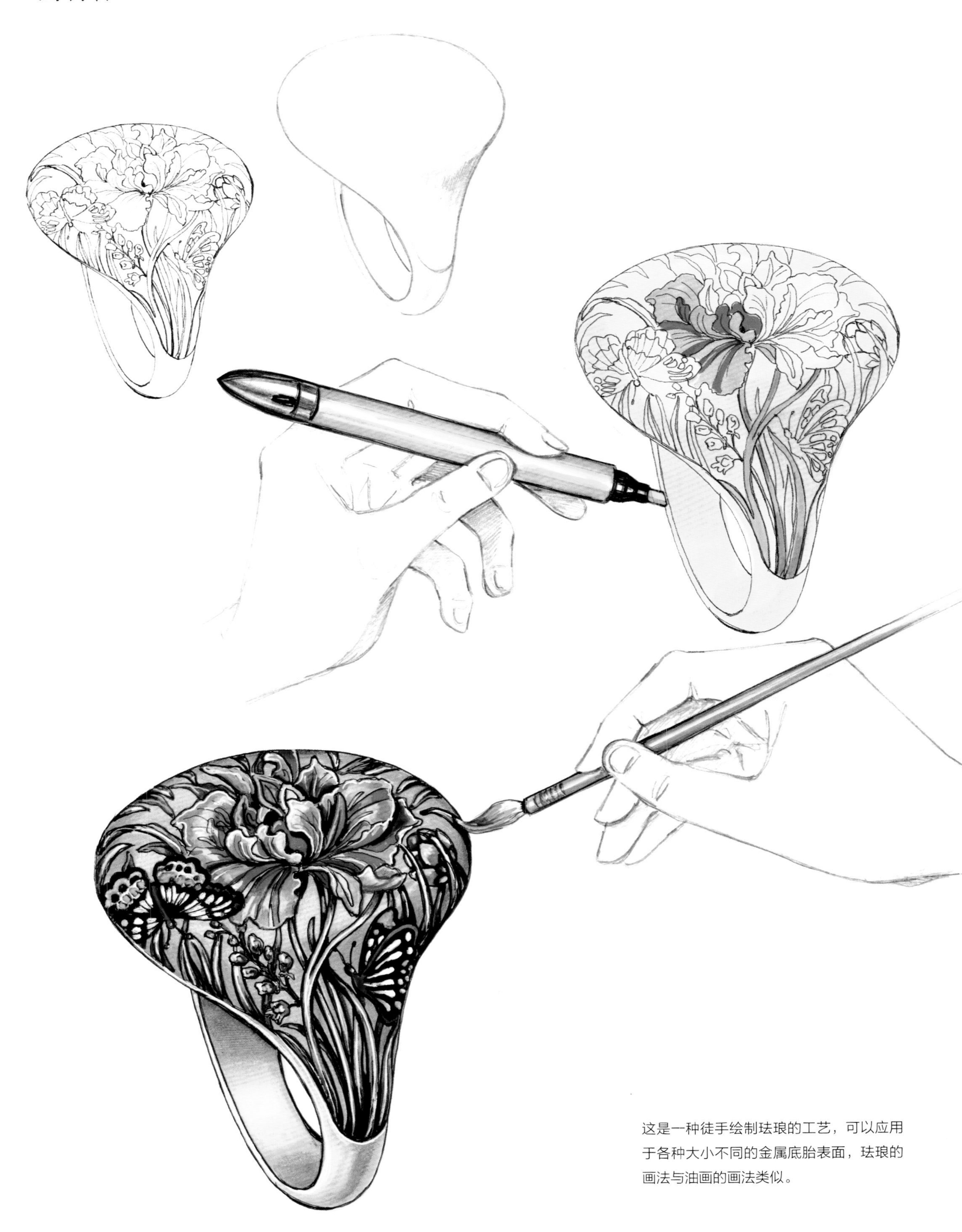

这是一种徒手绘制珐琅的工艺，可以应用于各种大小不同的金属底胎表面，珐琅的画法与油画的画法类似。

空窗珐琅

这种珐琅工艺经由掐丝珐琅工艺发展而来，14世纪首次使用之后，在维多利亚时代晚期和20世纪早期的装饰艺术时期，都有大量的运用。

这种珐琅工艺使光线透射珐琅成为可能，因而再现了彩绘玻璃的艺术效果，是微缩版的教堂彩绘玻璃艺术。空窗珐琅工艺和掐丝珐琅工艺的制作方法完全相同，只不过，空窗珐琅工艺在珐琅烧制完成之后，会将金属胎底脱去，只留下网格状的金属丝以及焙烧之后的透明珐琅。

珐琅首饰绘制练习

拜占庭艺术及其帝国

狄奥多拉皇后（公元497-548年）
项圈、掐丝珐琅、马赛克镶嵌艺术、雕金、打孔技术

凯撒利亚的传记作家普罗科皮乌斯（Procopius）在他的《秘史》一书中，讲述了驯熊人的女儿狄奥多拉的故事。她被查士丁尼大帝从那个时代众多的美女中选为妻子。在与丈夫一起生活的20年时间里，狄奥多拉完全履行了自己作为皇后的职责，向查士丁尼大帝提出了许多正确的建议和忠告，表现出了一个帝王政治顾问理应拥有的智慧和勇气。在拉韦纳的圣维塔教堂的马赛克镶嵌壁画中所描绘的狄奥多拉，是一位精明的帝国大使形象。壁画中，狄奥多拉身穿短氅，短氅之上缝有一种时尚配饰：曼尼亚金（manniakion），这是一种饰有宝石的项圈，与埃及法老佩戴的项圈类似。这种项圈饰有圆环，装配有珍珠锁扣。此外，皇后还佩戴着饰有珍珠、蓝宝石和祖母绿的耳坠。那时，这种人类创造的美被认定为一种神性的存在，而工匠的技艺也是上天所赋予的。金线绣片中的金线和宝石光彩夺目，壁画中的马赛克饰片亦是如此。黄金甚至被用在装饰华丽、编织细密的织物中。而镶嵌在皇帝服装上的珍珠和宝石也具有了某种超凡脱俗的意义。

MANN 2016

宝石与琢型的绘制

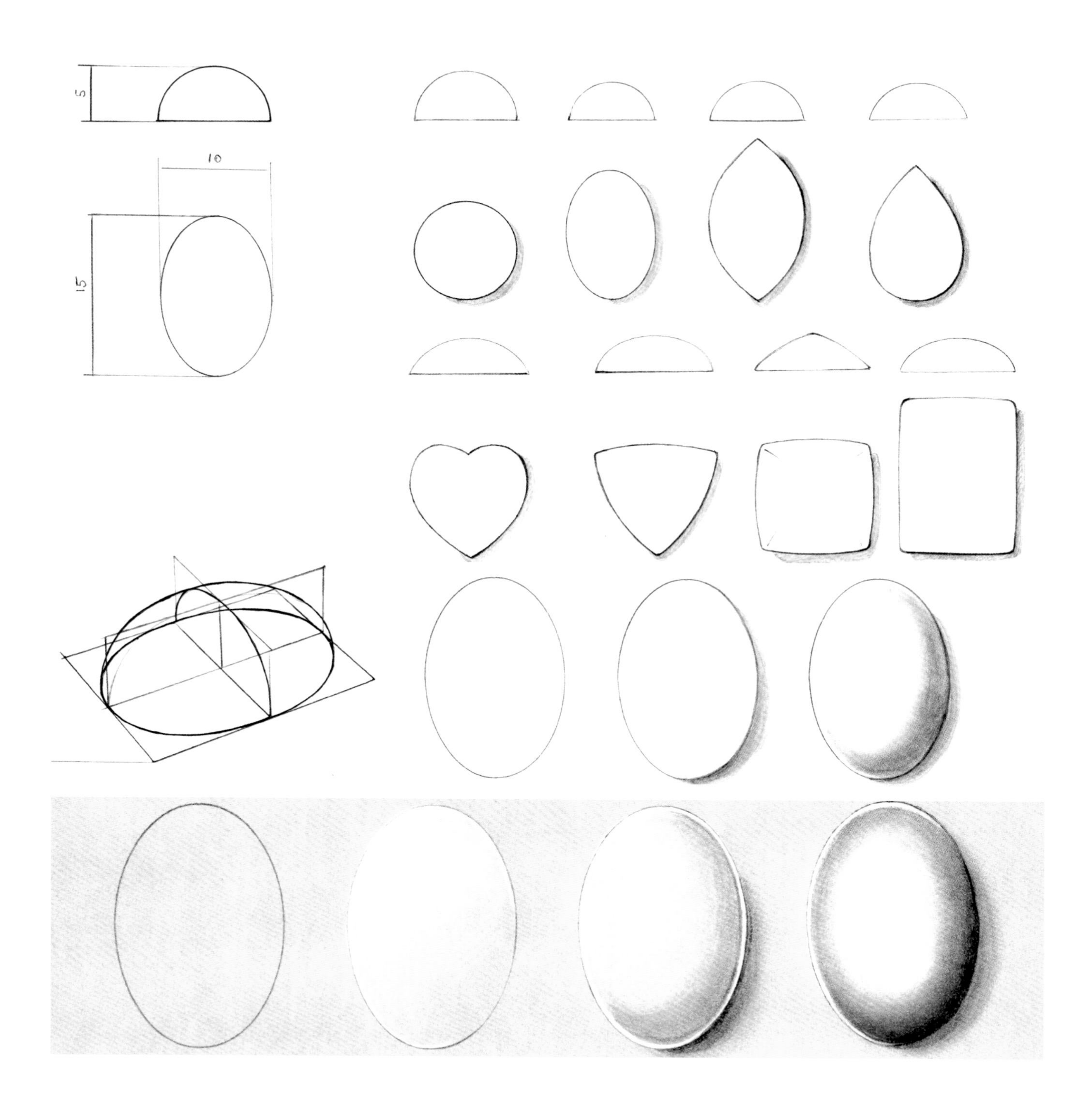

素面透明半宝石

宝石琢型艺术作为一门将晶体原石打磨成光彩夺目的宝石的艺术，已有数千年的历史。这种艺术赋予了宝石一定的形状，同时也释放了宝石的光泽、色彩与靓丽。宝石琢型匠或宝石雕刻师有两种不同的宝石加工方式：

- 把宝石琢磨成刻面宝石，这些刻面宝石具有几何形以及平坦而光滑的刻面。今天，刻面宝石备受青睐。
- 把宝石琢磨成非刻面宝石，这些非刻面宝石没有几何形和平坦而光滑的刻面。比如素面宝石。

素面宝石的名称源于诺曼法语单词caboche，意为“头颅”。素面宝石是一种古老的宝石切割与抛光工艺，由于彩色宝石历久弥新的魅力，素面宝石至今仍受人欢迎。

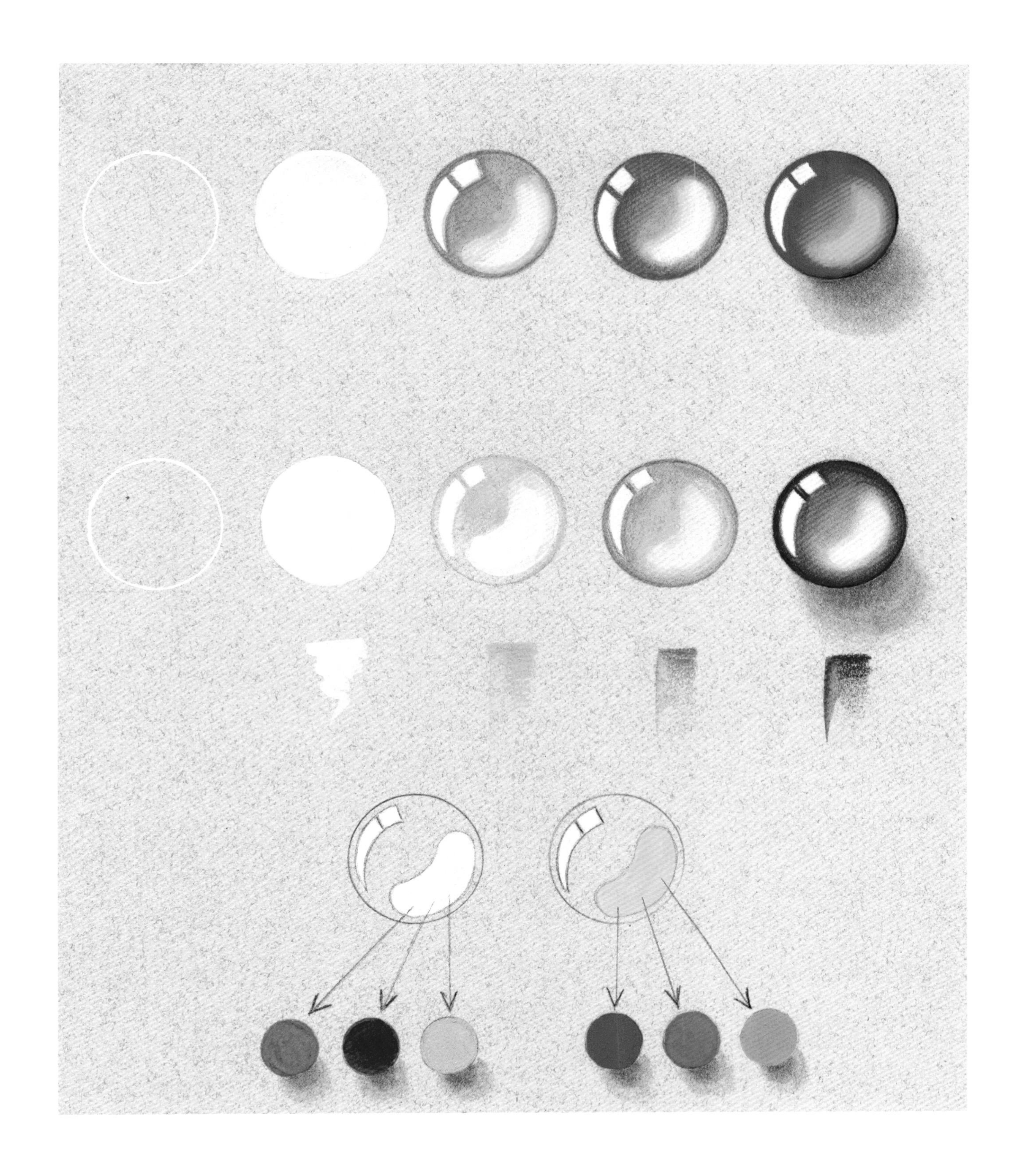

给宝石着色

（1）画一个小圆圈。

（2）在圆圈内涂一层白色作为底色，如果是使用浅色卡纸作画，这个白色的底色可以涂薄一点，如果是使用深色卡纸作画，这个白色的底色要涂厚一点。

（3）选择宝石的颜色，并把颜色在圆圈内涂满。

（4）用铅笔轻轻画出“高光”，并把它涂成不透明的白色。

（5）从圆圈的左上方开始涂第二层深色，把高光的边线进一步描画清晰，颜色一直涂满整个圆圈。

（6）在圆圈的中心偏右的地方描绘一个黄色的新月形，然后涂上想要描绘的颜色。如果是红色、绿色和橙色的宝石，这个新月形的颜色就是黄色的，如果是蓝色、紫色和棕色的宝石，这个新月形的颜色则是白色的。

海蓝宝石

这种宝石的名字让人联想到海洋：海蓝宝石意为“海水”，源于拉丁文中的aqua（水）和marinus（海洋的）。

海蓝宝石是绿柱石家族（古希腊的绿柱石“蓝绿色宝石”）中的一员，绿柱石家族通常被称为“宝石之母”，因为这个家族拥有种类繁多的宝石。除了海蓝宝石的蓝色宝石系列，绿柱石家族还有红绿柱石的红色宝石系列、祖母绿的绿色宝石系列、透绿柱石的白色宝石系列、金绿柱石的黄色宝石系列以及绝绿柱石的粉色宝石系列。

海蓝宝石颜色的来源在于微量铁元素的存在；而不同浓度的铁元素创造了一块极其美妙的调色板。在这块调色板中，从轻微的淡蓝色到最深的蓝色，有时还有星星点点的绿色，应有尽有。

石英石

1 Pantone彩笔 678 T号
2 Prismalo Pastel彩笔aq 081号
3 白色
4 Pantone彩笔 玫瑰红 18号

石英石是指具有相同化学成分和相似物理性质的多种矿物族群。这个词来源于撒克逊语querklufterz，意为“横脉矿石”，此外，另一个可能的词源是斯拉夫语的“硬度”一词。

石英石由氧化硅组成，分为两大类：粗晶体石英石，如紫晶、鹰眼石、白石英石等，这一类石英石以单一的、大晶体形式而存在，其晶体肉眼可见；另一类为微晶体石英石，如玛瑙、玉石、红玉髓等晶体较小的石英石。

欧珀

欧珀的名字来源于拉丁文opalus，而这个拉丁文又是来源于希腊语opallios，意为“看见变化”。另一种可能的希腊语词源是ophtalmios（眼睛之石），但这个词的原始来源可能是梵文的upala（宝石），因此，有人相信古罗马的欧珀来源于印度。

欧珀的结构非常独特，由呈金字塔形网格状排列的二氧化硅微晶颗粒组成。光线穿过这些二氧化硅微晶颗粒形成反射，从而造就了欧珀的特征与独有的“变彩”效应。所谓“变彩”是指每当变换观看角度，欧珀的颜色就会随之改变。而没有变彩效应的欧珀，如墨西哥火欧珀，其二氧化硅微晶颗粒的排列则更为随机。

具有变彩效应的欧珀一般伴生于某种主岩（也被称为“盆”或“基石”），这种主岩决定了欧珀的形态、透明度与色彩（以这种色彩为基调，欧珀的变彩效应产生了炫目的效果）。

黑欧珀的底色为黑色，有可能是不透明的，也有一些是半透明的，尤其是在强光源照射时呈现半透明状。“灰欧珀”这个名称较少使用，灰欧珀的样品通常被放置于“黑色”或“深色”欧珀的分类中，但实际上它是半透明的，且带有灰色的胚体色。

白欧珀也被称为“净欧珀”，是当下一种非常受欢迎的宝石，它可以是半透明或不透明的，且带有白色的胚体色。

韦罗欧珀（Welo Opal）具有霓虹灯般的绚丽色彩和斑驳的纹理，其胚体色主要为白色，有时也有黄色或琥珀色的胚体色。

冻状欧珀可以是透明或半透明的，由于没有伴生岩，所以它要么是无色的，要么更乐观点来说是透明的“水晶欧珀”“水晶白欧珀”“水晶深色欧珀”或“水晶黑欧珀”。

不透明欧珀一般伴生有基石（主岩），包括主岩已被切除之后的不透明欧珀都被称为“卵石欧珀”；所有表面可见主岩的欧珀都被称为“基石欧珀”。

然而，并非所有的欧珀都有变彩效应。火欧珀是一种没有变彩效应的透明或半透明的水晶欧珀，它有着极其美丽的橙色、红色、黄色，甚至是蓝色。布里蒂火欧珀产自巴西，它醉人的红色和橙色让人联想起墨西哥火欧珀。秘鲁欧珀是一种罕见的品种，具有美丽的半透明的蓝色、粉红色和绿色，没有变彩效应。另一种没有变彩效应的欧珀则是来自坦桑尼亚的半透明黄色欧珀和绿色欧珀。

电气石

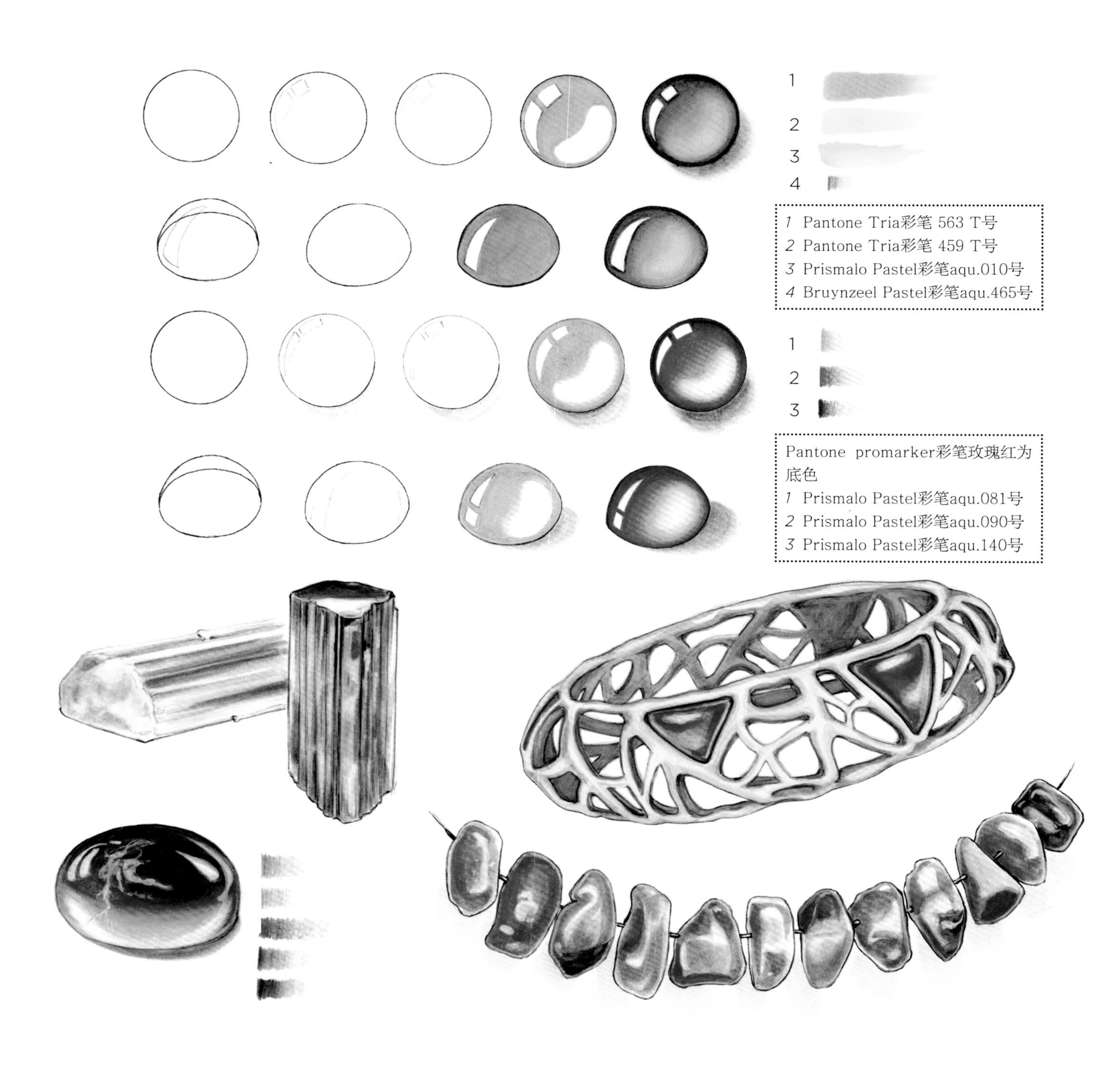

这种宝石的名字也暗指所包含的颜色的多样性：电气石是从僧伽罗语turmali衍生而来的，意思是"混色的石头"。它也被称为"变色龙宝石"，不仅因为它的颜色多样，也因为它历来容易与其他宝石相混淆。

电气石涵盖了一个矿物族群，这些矿物因内部成分的差异而产生不同的色泽。锂电气石矿族是所有电气石的主要族群，有100多个电气石品种。遗憾的是，多色电气石并不常见，宝石级的电气石晶体也很少能被成功开采。

电气石的每一种颜色都能用一个描写颜色的形容词来描述，例如"绿蓝色""绿色"和"粉色"，也可以用一个特定的名称来描述它多样的色彩，或者只是在电气石的名字前加一个前缀来形容其颜色。例如，帕拉伊巴碧玺的名字就来源于它被开采的矿床，也以其美丽的颜色为典型特征，其颜色有加勒比蓝、孔雀蓝、铜绿、霓虹蓝、水蓝以及松石绿。另一方面，蓝色电气石以其强烈的霓虹蓝、较浅和较暗的色调以及非凡的光泽而闻名。此外，它也是一种具有高度耐久性的宝石，有着如眼睛般清澈的纯净度。

紫水晶

紫水晶这个名字来源于古希腊词语amethystos，意为“不醉”。

紫水晶是粗晶体石英家族的一员（这些宝石多由较大的单晶体组成），这个家族中，还有黄水晶、玫瑰晶和虎睛石。紫水晶的颜色从淡粉色到深紫色不等，其色彩是由铁元素产生的。

颜色是紫水晶评级的主要因素：紫色越强烈，级别就越高。最理想的紫水晶的色彩涵盖从中等深度的紫色到深紫色、整体为透明的紫罗兰色调、通体不能有红色或蓝色的暗影，尽管紫水晶中蓝色与红色的纹理曾经大受追捧。紫水晶一般含有少量杂质；只不过，用肉眼距离15厘米观察紫水晶时，通常这些杂质不易看到。由于紫水晶是极受宝石商和首饰商欢迎的宝石，因此，与其他宝石相比，我们几乎可以在所有的宝石切割形态中找到紫水晶的身影。除了切割，色泽和亮度也都是紫水晶评级的重要标准。

琥珀

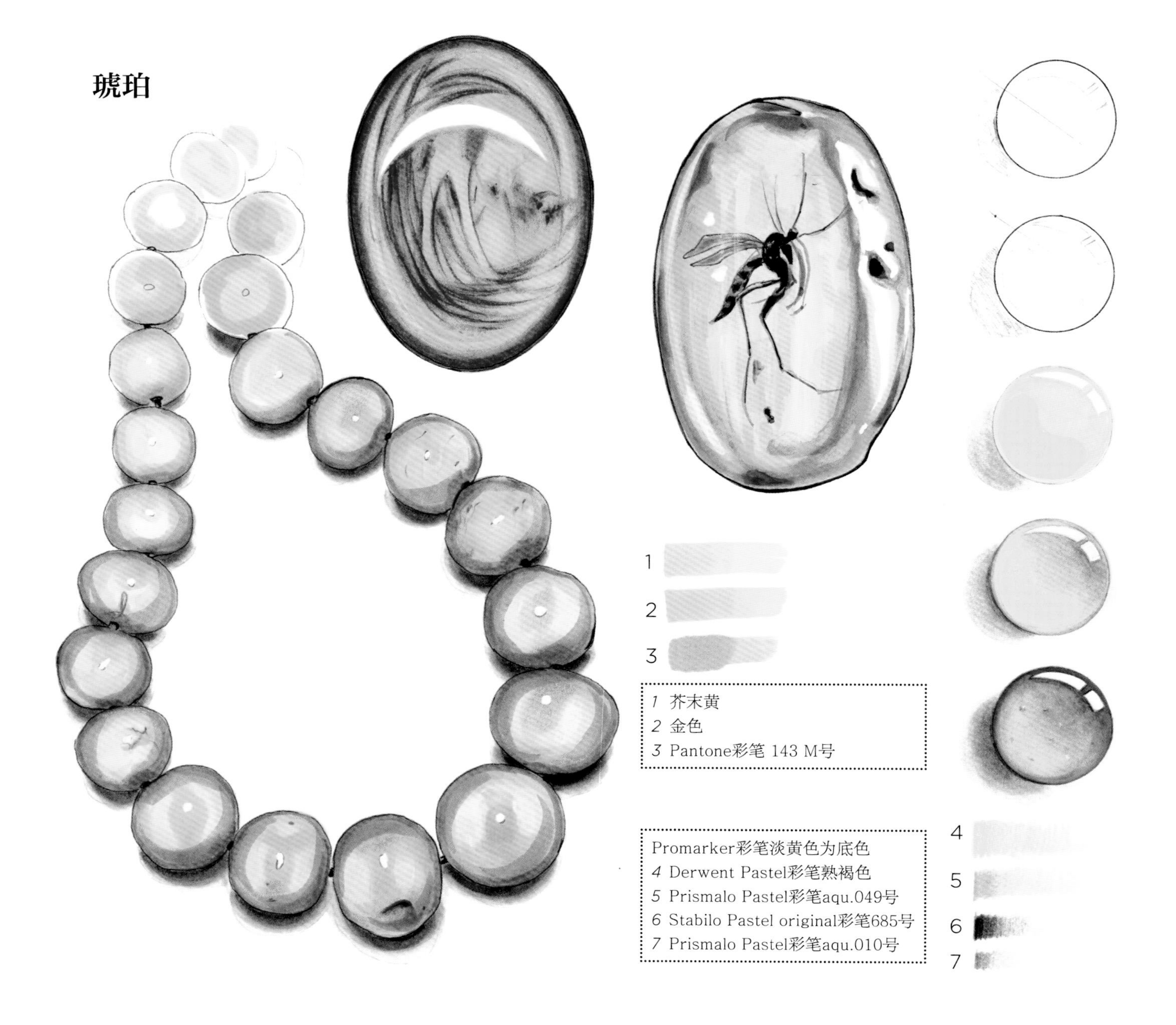

琥珀的名称来源于阿拉伯语anbar，意思是“芳香物”。这个阿拉伯语单词由西班牙人引入，专指抹香鲸产生的芳香物质，称为龙涎香，该物常用于香水的制造中。琥珀与龙涎香共享一个名称，原因可能在于这两种物质都是被海浪冲到海滩之后被人们发现的。琥珀经过阳光炙烤后，会散发出一种香味，而这种香味非常类似于龙涎香在传统的香水制造过程中散发出来的气味。

由于琥珀来源于植物，所以，它被归为有机宝石一类。这一类宝石包括所有由有机体创造或衍生的宝石。从地质学的角度来看，树胶转化为琥珀需要极长的时间，这一过程与许多其他自然现象一样，仍旧没有被人类完全破解。这个过程涉及极其复杂的分子结构的形成（分子的聚合反应）、萜烯物的蒸发、特殊的温度环境以及压力条件等诸多问题。此外，刚刚分泌出来的树脂会逐渐固化，可形成多种不同的物质。

由于质量较轻，有温润的触感，尤其是具有美妙的金色，琥珀因而成为一种非常受欢迎的宝石。琥珀的色泽取决于其成分（树种）以及树脂分泌之后的环境状况。琥珀一般呈透明或半透明状，其色泽涵盖蓝色、棕色、金色、绿色、橙色、红色、白色和黄色。据文字记载，产于波罗的海的琥珀的颜色有256种之多，可分为三大类：古董色（或古典色）、干邑色和柠檬色。有时人们会使用“黑琥珀”这个不太恰当的术语，事实上，与其他的琥珀色相比，这种黑色只不过是一种较深的琥珀色而已。此外，作为其独有的特征，琥珀一般都有天然瑕疵和裂隙，以及各种古老的包裹体如种子、树叶、羽毛和昆虫等。那些包裹有数百万年前昆虫的琥珀，不仅是收藏家的藏品，也为古生物学家和遗传学家打开了一扇无可替代的、通往过去的窗口。

黄水晶

黄水晶的名字来源于法语citron，或来源于“柠檬”一词，这个词准确地描述了黄水晶颇为典型的柠檬黄颜色。

这种魅力十足的宝石隶属于粗晶体石英石，通常与紫水晶一起被开采。黄水晶之所以拥有亮丽的色泽，是由于自身含有铁元素。双色黄水晶是一种由于环境变化而派生的黄水晶与白石英石的混合宝石。紫黄水晶也是如此，它是美丽的紫水晶和纯净的淡黄色水晶联姻的产物。

黄水晶的色泽从柠檬黄到金黄色应有尽有，黄色中略微带一点柑橘色和马德拉红的色调（与此同名的马德拉红葡萄酒十分著名）。传统上，马德拉红色调的黄水晶倍受欢迎，而今，则是明亮的柠檬黄色调的黄水晶更受人青睐。双色黄水晶呈现出一种微妙的从黄色到白色的色彩变化。

透明水晶

透明石英石通常被称为无色水晶或“帕塔石英石”（Pataquartz），是一种完全无色的石英石品种。它通常完全透明，具有玻璃一样的外观，且与其他的矿物质一样易于辨认，因为把它放在舌头上会感觉到阵阵凉意。

金发晶是一种在金红石（二氧化钛）内部生长有针丝状造型的石英石。这种针丝状造型通常是红色、金色或银色的，极少数情况下呈现绿色。

中世纪

兰卡斯特（Lancaster）的布兰奇公主（Blanche）（1345-1369）头饰、宝石、素面琢型

中世纪的文化活动是以城堡为中心而展开的，但随着以贸易为基础的经济得到大力发展，新的商品消费者迅速崛起，从而引发了传统贵族与新晋暴发户之间的争端。此时，公主们大多通过她们的发型来显示自己的身份，在她们的发型上镶嵌着珍珠，而珍珠是纯洁的象征。那时，女士们纷纷用宝石装扮自己的头发，蓝宝石大行其道。要知道，蓝宝石被认为是一种具有护身功效的珍贵宝石，因为，根据当时的信仰，蓝宝石能消除悲伤，激发智慧，使人获得荣誉和财富，并保护佩戴者不受敌人的伤害。与翡翠一样，蓝宝石也被认为是一种与贞洁相关的宝石。圣安布罗斯（Saint Ambrose）把它比作天空，并笃信蓝宝石里藏有空气。蓝宝石常常被打磨成素面，由于它有许多治疗功效，比如治愈瘟疫或者把它放进嘴里可以使人产生凉快感，所以，蓝宝石也常常成为儿童的护身符。

素面半宝石—不透明宝石

玛瑙

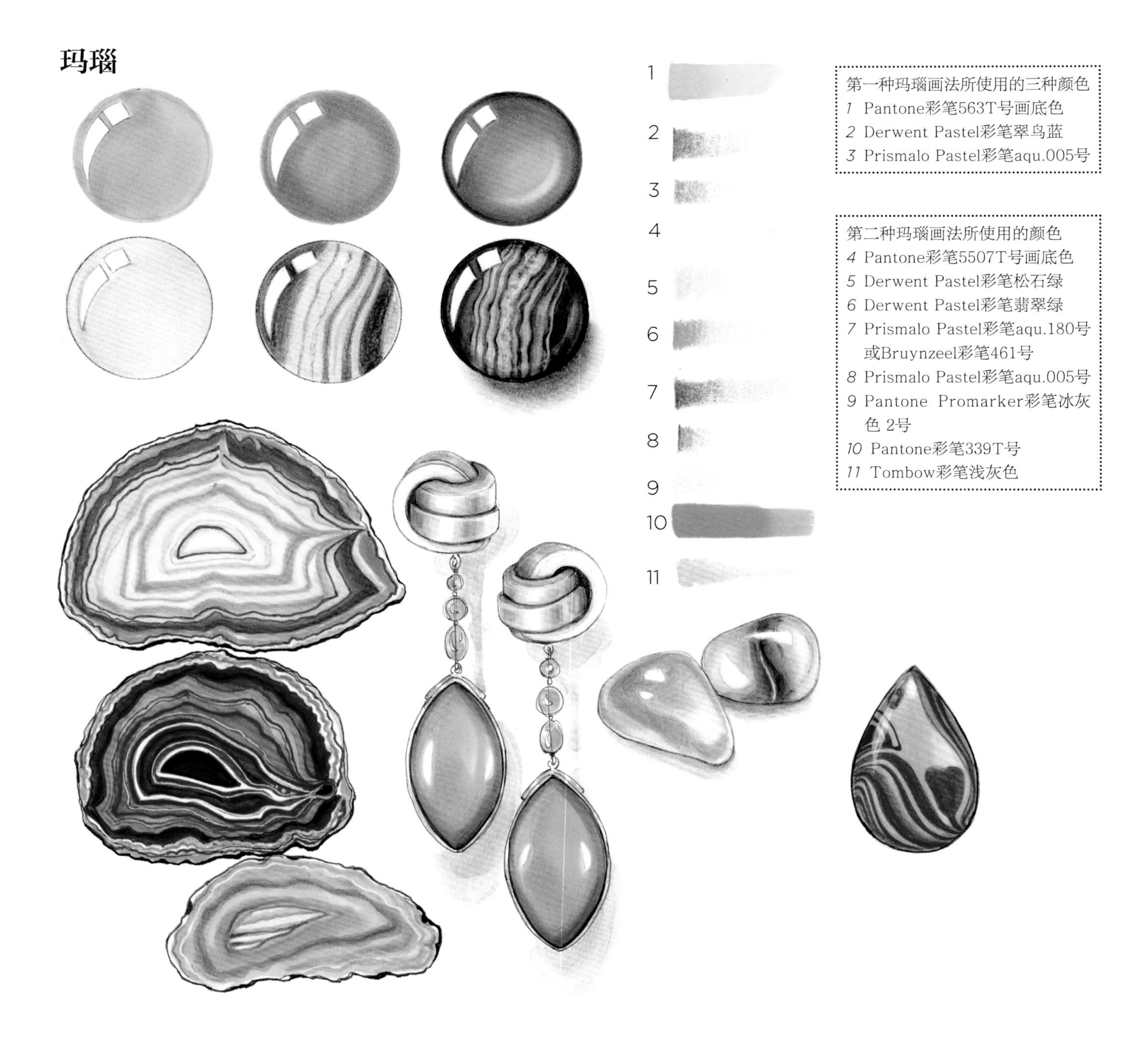

玛瑙的名字来自西西里岛的阿盖特河，如今这条河的名字叫迪里罗河。玛瑙形成于火山岩的空腔内，沉积为圆形或杏仁形。

玛瑙的典型纹理由锰、铁以及其他矿物氧化而成。

玛瑙是一种具有多色或单色同心环绕条纹的玉髓，属微晶石英石的品类。

这种宝石的表面有许多彩色条纹，每一个条纹色层可以是透明的也可以是不透明的，带有较强的黄色、白色或棕色荧光。

玛瑙颜色的差异是由于矿物内部铁和锰的含量差异而造成的。一般来说，玛瑙的品种和颜色是非常多样的。

博茨瓦纳玛瑙的条纹颜色尤其美丽，从暖暖的泥土色调到浓浓的橙色应有尽有。

蓝纹玛瑙的晶体表面遍布多种蓝色调的条纹。

树纹玛瑙是一种半透明或透明的白玉髓，内部含有树枝状的纹理。

虎睛石

这种被称为“老虎眼睛”的石头是一种石英晶体，可爱的金黄色条纹贯穿其中。

虎睛石是一种不透明的石英品种，与其他的“眼睛石”（“鹰眼石”或“猫眼石”）有一定的关联。虎睛石与它们一样，都有奇妙的“猫眼效应”，即一种美丽的光波反射效应。这种神奇的光效应是由于宝石内部存在一种名为“石棉蓝”的青石棉纤维，然而，这种青石棉纤维也可以呈现为金色；在虎睛石中，则是褐铁矿创造了这种奇妙的金黄色的光效应，这种光效应让人联想起丝绸的质感。

大部分的虎睛石都产自南非，但巴西、印度、缅甸、澳大利亚和美国亦有产出。由于虎睛石极似猫眼虹膜，它也因此而得名，虎睛石美丽的闪光条纹的颜色有黄色，亦有棕色。

绿松石

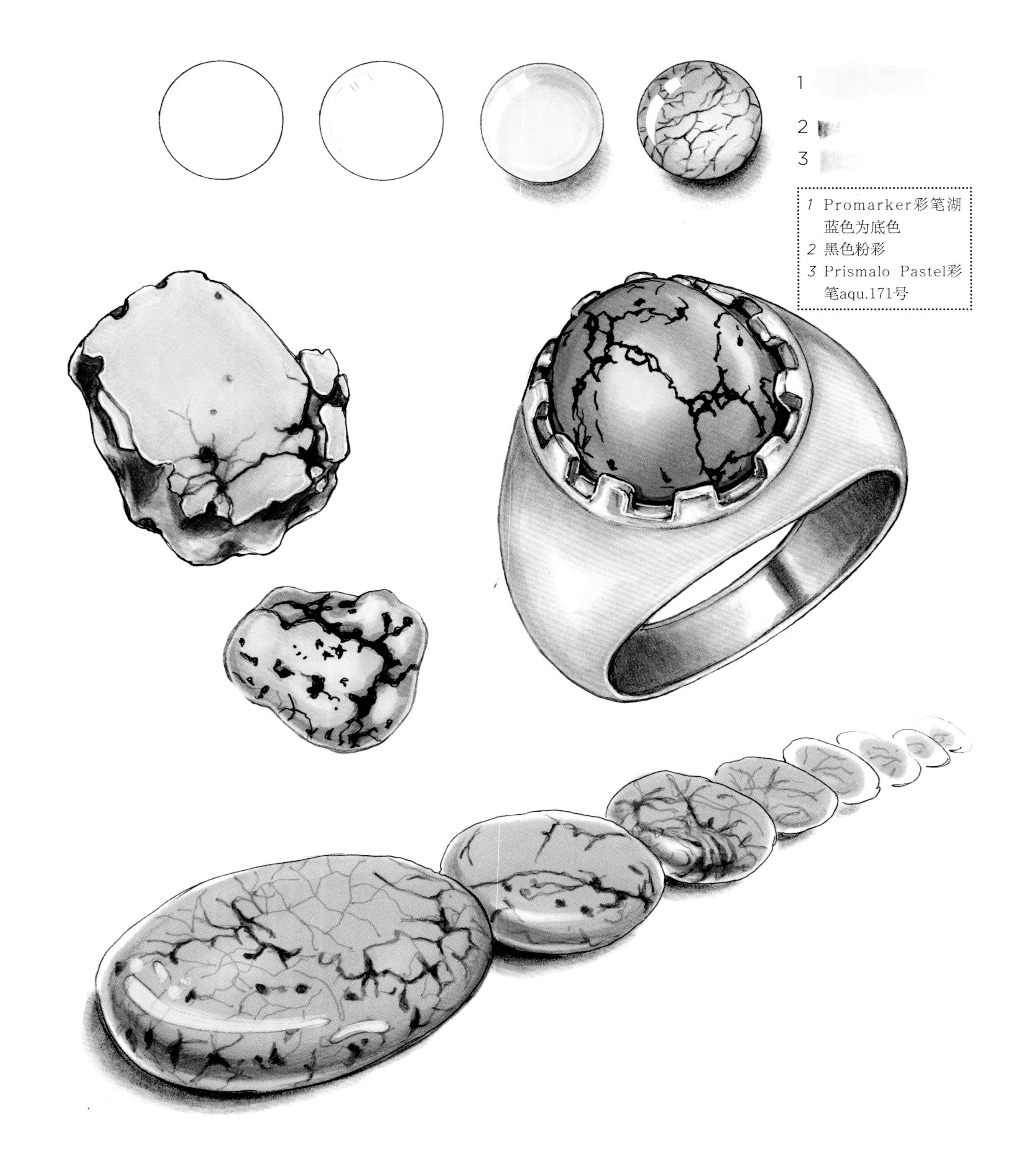

应该说现代名称“绿松石”的使用稍欠严谨。实际上，当威尼斯商人把它带到法国时，它被称为皮埃尔绿松石，或“土耳其石”，尽管这个名称起源于波斯语。然而，这并不是它唯一的名字。在波斯，它被称为ferozah，意为“胜利”。直到12世纪，它被称为calläis，意为“美丽的宝石”，这个词可能来源于古希腊语kalláïnos和拉丁语callaina。

绿松石是铜和铝的磷酸盐矿物集合体。它有不同明度的蓝色和蓝绿色。尽管传统认为，明度和饱和度适中的天蓝色绿松石是最优的品级，但也是因为这个误解让绿松石的绿色调一直没有引起人们足够的重视。

青金石

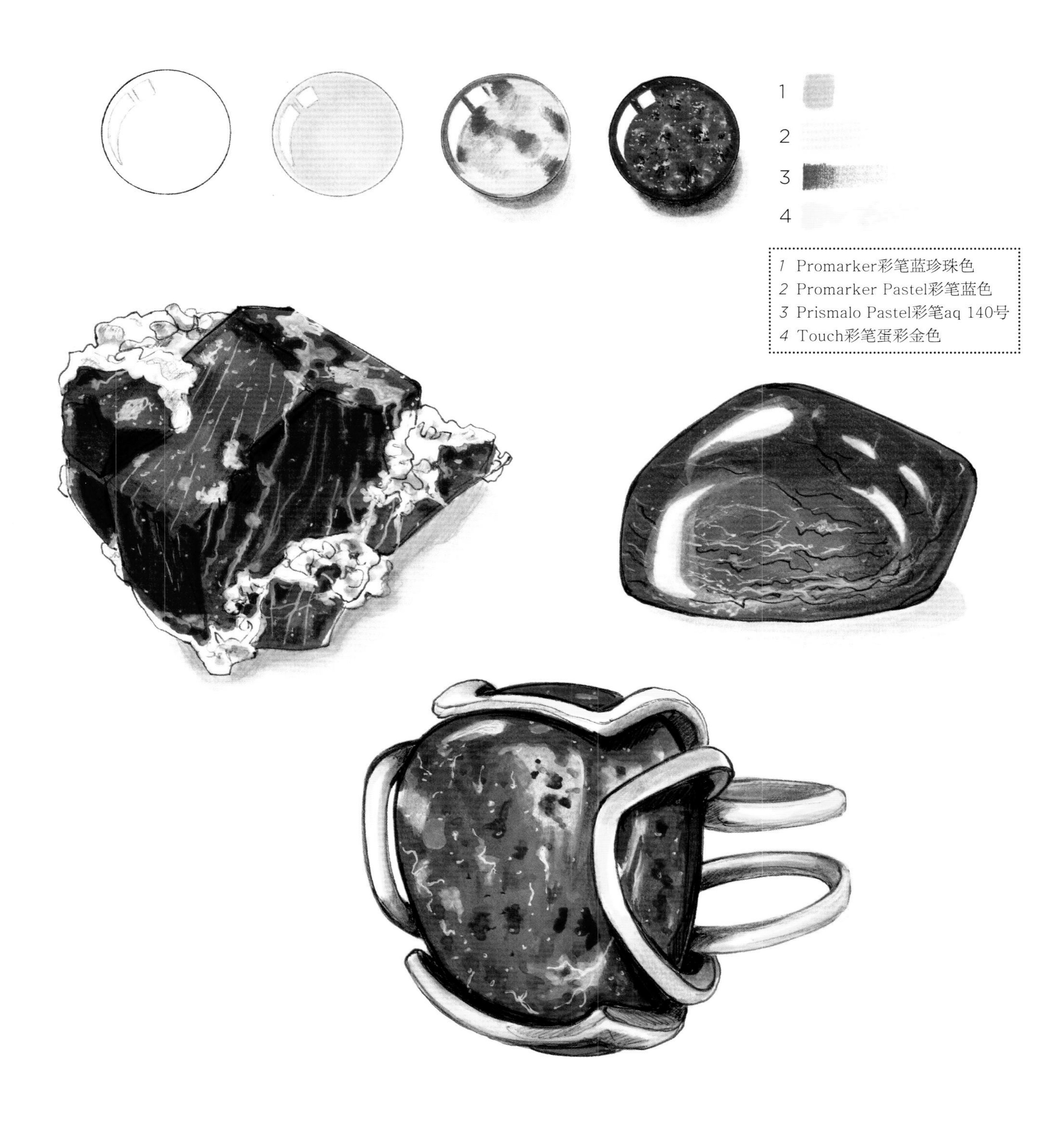

“青金石”这个名字来源于拉丁语lapis、（意为“石头”）以及lazulum（意为“蓝色”或“天青色”）。而lazulum这个词可能来自波斯语lazhuward，这个词汇被波斯人用来专指产自阿富汗的矿藏。同时，这个词也是意大利语，用于形容蓝色的单词azzurro的词源。然而，在古希腊和罗马帝国时期，青金石曾被称为sapphirus（蓝色的宝石），今天，这个名字用于特指各种蓝色的刚玉和蓝宝石。

在一些记载了青金石的波斯文献中，青金石的颜色可分为三种：nili（深蓝色）、assemani（浅蓝色）和sabz（绿色）。

青金石的分级中，最富魅力和最令人垂涎的颜色是皇家制服蓝（深紫罗兰色）。色斑，一般多指青金石中的绿色色斑，它会有损绿松石的美丽从而降低其价值。相比之下，在评级的时候，青金石中如果有黄铁矿的存在，却被视为一种能引发神秘视觉联想的有利因素。

智利产的青金石的颜色一般较浅，原因在于含有较多的白色方解石包体。

孔雀石

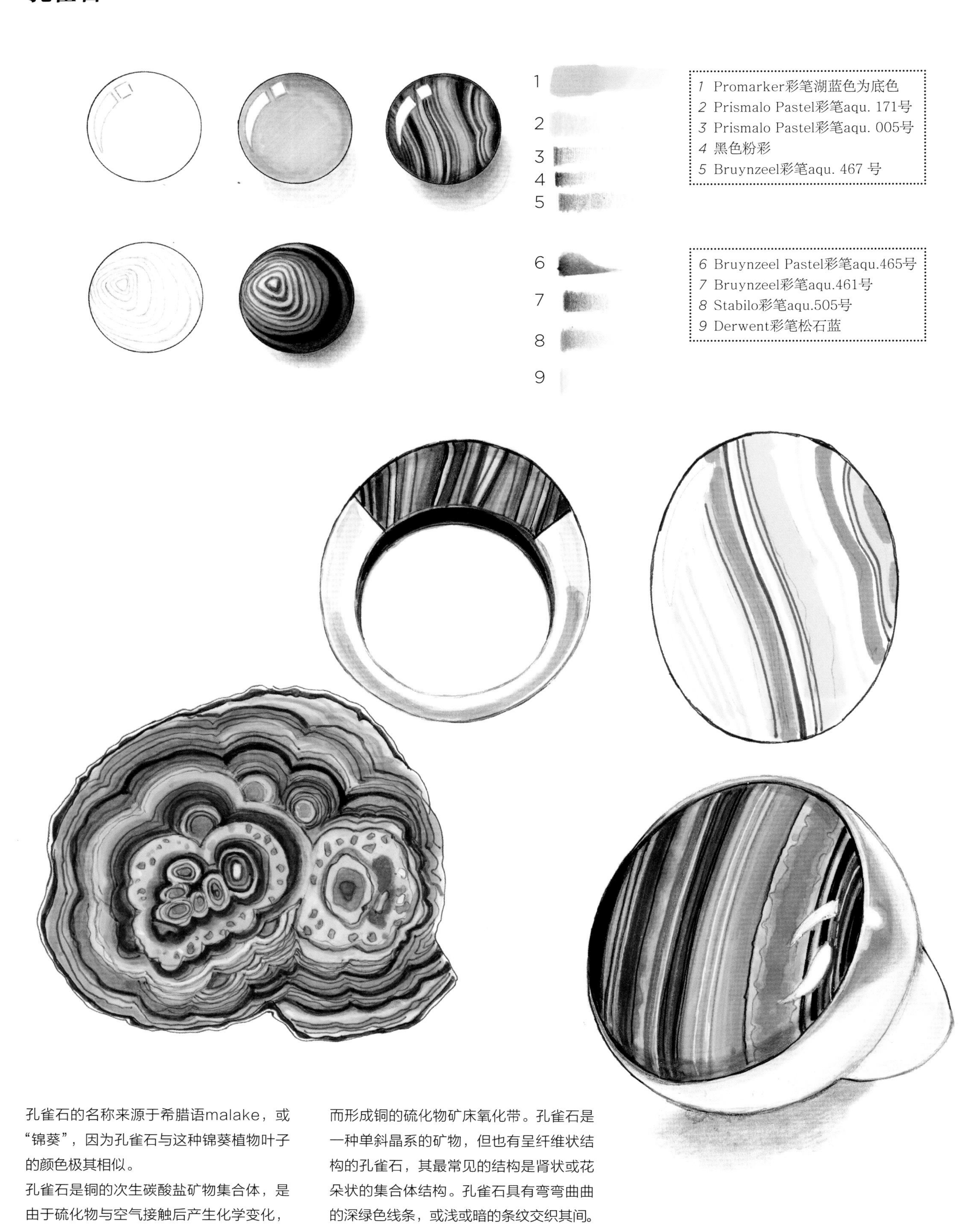

孔雀石的名称来源于希腊语malake，或“锦葵”，因为孔雀石与这种锦葵植物叶子的颜色极其相似。

孔雀石是铜的次生碳酸盐矿物集合体，是由于硫化物与空气接触后产生化学变化，而形成铜的硫化物矿床氧化带。孔雀石是一种单斜晶系的矿物，但也有呈纤维状结构的孔雀石，其最常见的结构是肾状或花朵状的集合体结构。孔雀石具有弯弯曲曲的深绿色线条，或浅或暗的条纹交织其间。

珍珠

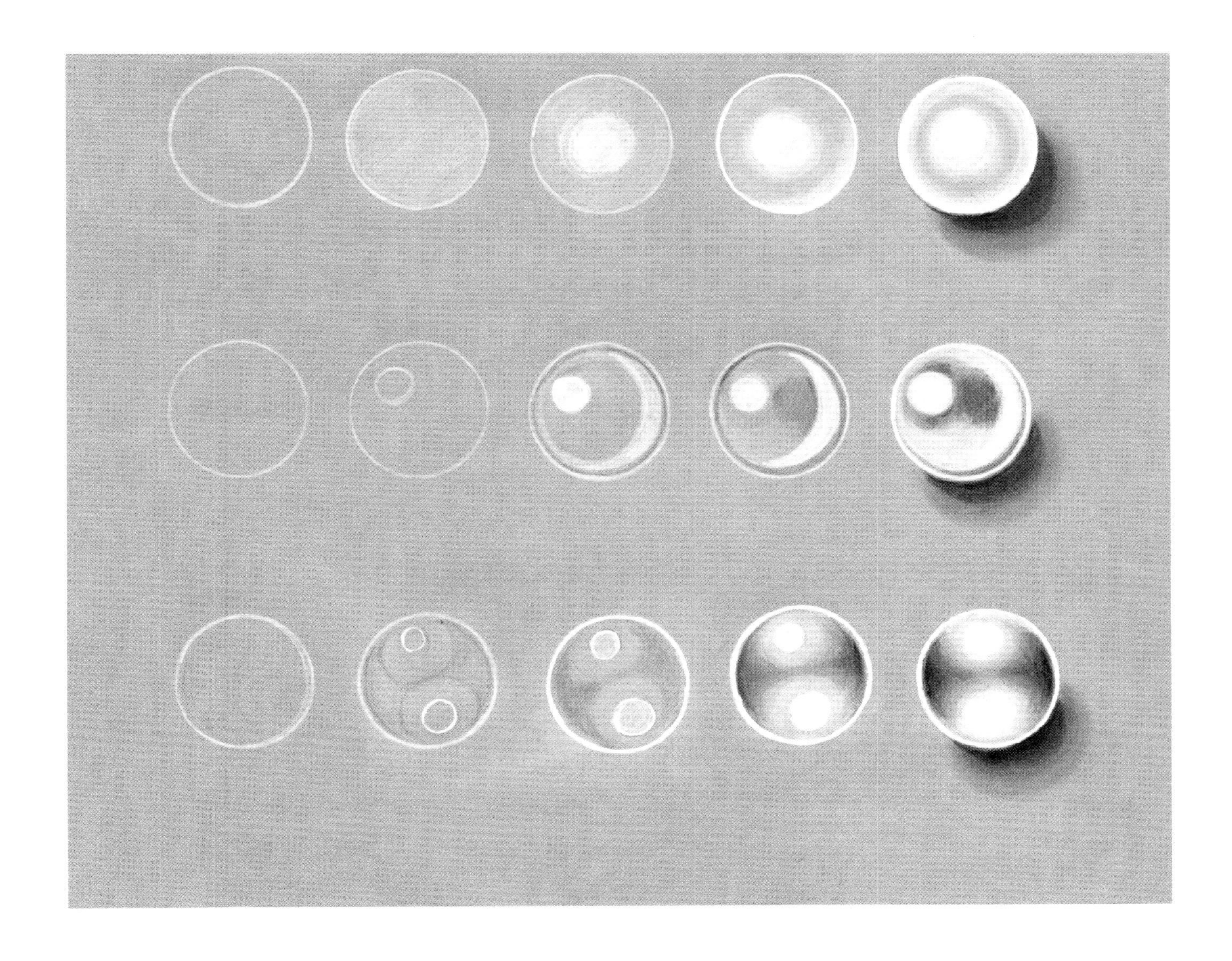

珍珠的名称源自拉丁语perna（火腿），意指珍珠母贝的形状，该词直到18世纪才被普遍使用。在此之前，英国人一直称珍珠为“联合体”（源自拉丁语unio，意为“统一”或“一颗大珍珠”），或沿用古希腊和古罗马的名称margarita。有人把这个名字与“海洋”联系在一起，因为珍珠是水生的，也有人认为珍珠的名字来源于波斯语murwari，意为“光的女儿”，这恰好解释了为什么珍珠长久以来一直象征着纯洁无邪。

珍珠一般为球形（完美或接近完美的圆球形），也是对称的（匀称的椭圆形或水滴形），也有异形的（抽象或不规则的）。

珍珠一旦从母贝被剥离，无须繁复的加工或琢型，就可以直接佩戴。

由于不同产地的珍珠的质量和价格迥然不同，产地便成了决定珍珠质量的主要因素。除了品种，珍珠的色泽、半透明度、光泽、皮彩或“幻彩”、表面纯净度或纹理、体积、形状和对称性，都是判断珍珠质量的标准。

珍珠的胚体固有色多种多样：杏黄色（黄橙色）、黑色、蓝色、青铜色（红棕色）、香槟色（粉黄色）、巧克力色、奶油色、金色、绿色、灰色、橙色、桃色（粉橙色）、李子色(紫红色)、紫色、红色、紫罗兰、白色、黄色以及各种混合色等。

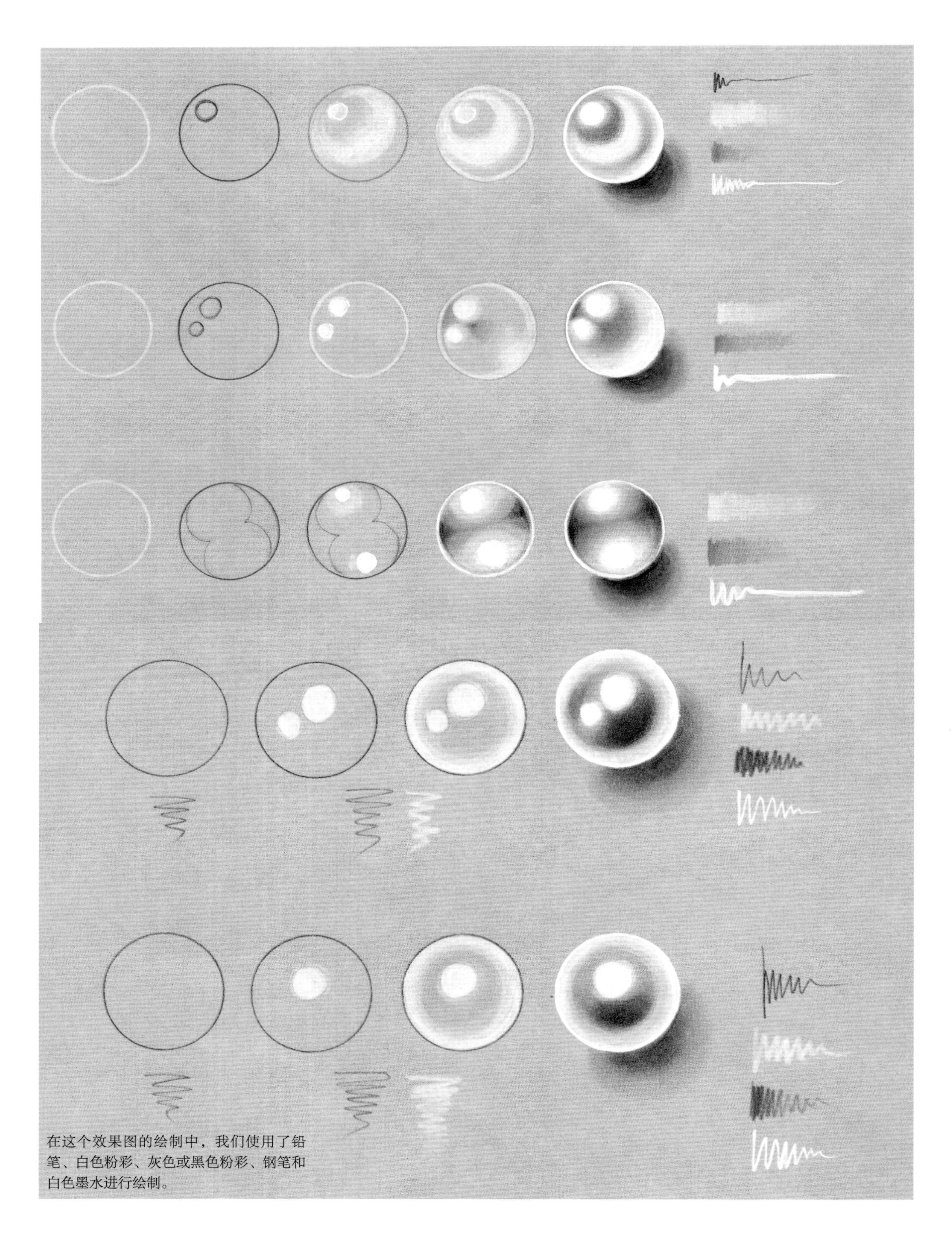

在这个效果图的绘制中，我们使用了铅笔、白色粉彩、灰色或黑色粉彩、钢笔和白色墨水进行绘制。

珍珠分类

日本阿古屋海水珍珠（合浦珠母贝）的名字来自日语akoya-gai，这种珠母贝最早由御木本珍珠公司所采用。阿古屋海水珠的生长期通常为8个月到两年不等，一次最多可以植入5颗珠核到阿古屋母贝的体内，不过，在实际生产中，一般一次植入2颗珠核。阿古屋海水珠的直径通常为2到6毫米。大约五分之一的阿古屋母贝可以产出珍珠，而这些产出的珍珠也只有一小部分能达到宝石级。

淡水珍珠包括三角帆蚌贝产出的珍珠，这种母贝生活在淡水中，产出的珍珠色彩多样、造型各异。把细胞小片植入到三角帆蚌贝体内之后，一只蚌贝最多可以产出多达50颗的珍珠，这使得淡水养殖珍珠的价格较为低廉。此外，这种母贝产出的异形珍珠，由于内部具有珍珠核体，同样可以呈现明亮和多样的色泽。

南海珍珠（白蝶贝）以白色、银色和金色著称。南海珍珠的生长周期通常为两个月到六年不等，且一次只能在其母贝白蝶贝中植入一枚珠核。南海珍珠的体积是众多珍珠中最大的，其直径通常为10到16毫米，最大可达20毫米。

大溪地珍珠（黑蝶贝）得名于法属波利尼西亚群岛的一个热带岛屿。尽管直到1845年才被引入欧洲，大溪地珍珠仍旧是最受人们推崇的珍珠品种。它们的生长周期一般为4到5年，且一次只能在其母贝黑蝶贝中植入一枚珠核，但黑蝶贝在其一生中可多次接受珠核植入。大溪地珍珠也是体积最大的珍珠品种，其直径通常可达8到16毫米。

珊瑚

贵珊瑚，或称红珊瑚（红珊瑚科动物红珊瑚），形似灌木，一般生长高度可达15到20厘米，最高可达30到35厘米。珊瑚枝一般为斜向生长，故而，珊瑚树的宽度很难超过25到30厘米，尽管它的实际生长尺寸通常远远达不到这个数字。

珊瑚的颜色十分多样，从红色到白色、蓝色、棕色和黑色，应有尽有。90%的红珊瑚产自地中海，珊瑚中最受欢迎的颜色是被称为“莫若”（moro）的深红色，以及被称为“天使的皮肤”的细腻均匀的浅粉色。

还有其他的珊瑚品种，如橙色的夏卡珊瑚，是一种著名的橙色半化石品种，还有亚洲珊瑚，该种珊瑚有多种颜色，通常表面有白色斑点。

文艺复兴时期

巴蒂斯塔·斯福尔扎（Battista Sforza）（1446-1472）
贵妇的吊坠、珍珠、珊瑚和青金石

巴蒂斯塔·斯福尔扎是文艺复兴时期珠宝首饰的象征性人物。作为费德里科·达·蒙特菲尔特罗（Federico da Montefeltro）的第二任妻子，她不仅是一位聪明且有教养的女性，也是一位人文主义的追随者。得益于她高雅的文化品位，乌尔比诺的公爵府里才得以建立一个大型图书馆。众所周知，她把西塞罗的著作供奉在自己卧室里的圣坛之上，并设法使自己的文化思想与自己所处时代的女性身份相协调。人们很欣赏她的美德，同时也赞扬她能够在丈夫长期外出的情况下仍旧能够管理好自己的个人财产。在皮耶罗·德拉·弗朗西斯卡（Piero della Francesca）的乌尔比诺双联画中，她佩戴了一件由两串珍珠组成的精致项圈，这件首饰让人联想到女性的爱与慈祥。珍珠项圈上点缀着用黄金制作的菱形珐琅装饰，中间镶有一颗宝石，周围饰有许多珊瑚珠。从项圈延伸出来一串珍珠，末端悬挂一个圆形金属挂坠，挂坠中镶嵌着一颗巨大的宝石。

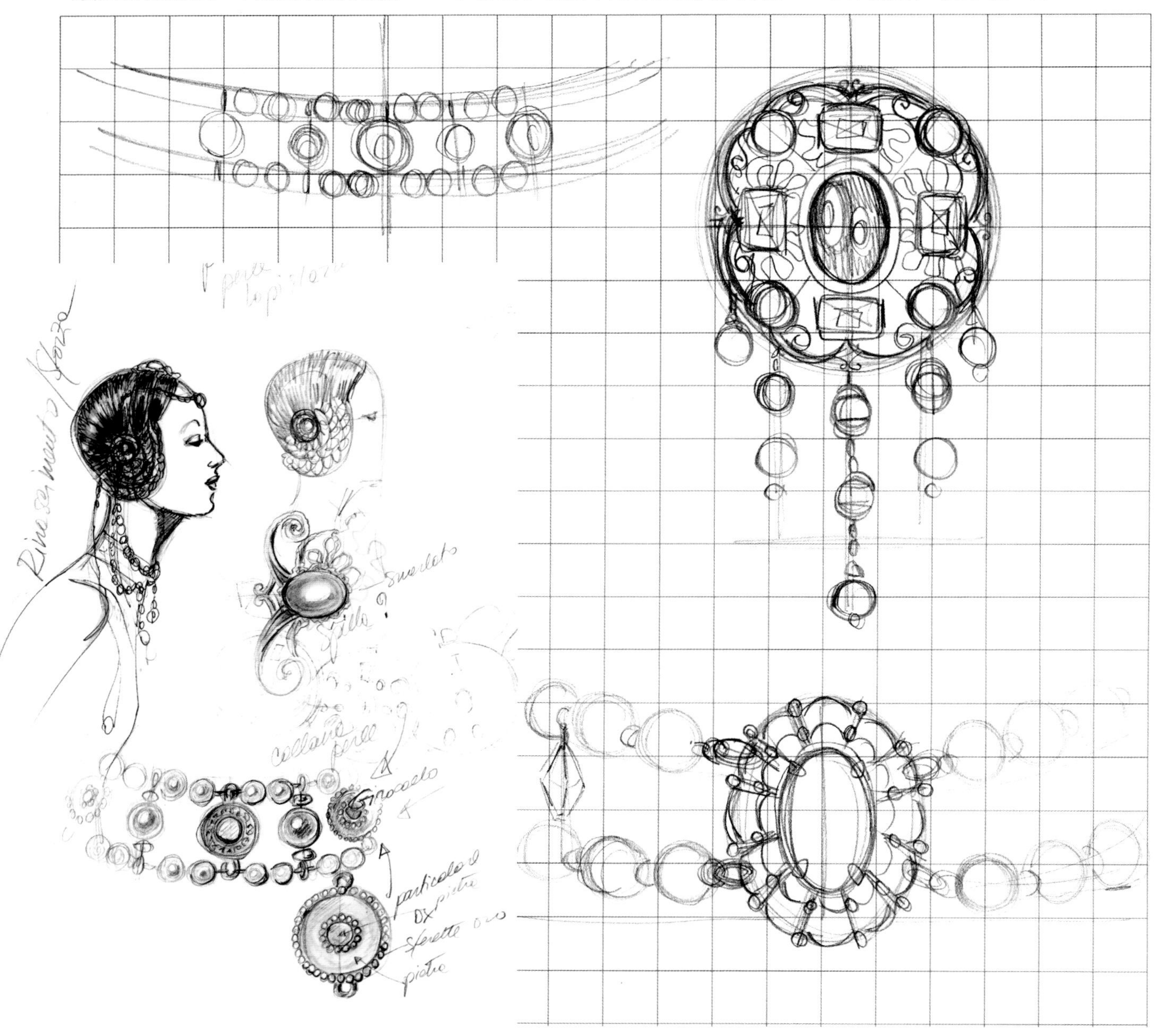

钻石的特征

在建立钻石的评级标准之前，你首先应该对自己手中掌握的评级依据了如指掌。就钻石而言，意味着你要掌握所谓的4C分级标准，也即切工、重量、色泽、净度。下面的文字说明可以帮助我们界定并了解这些标准。

切工

钻石按照形状和大小分类。钻石的形状及其切工，都对钻石的明亮程度具有决定作用。想要给钻石准确评级，就必须了解钻石的切工。最常见的钻石切割方式将在以下的钻石切割介绍中讲述。

重量

克拉是标示钻石重量的计量单位，是界定钻石价值的一个基本因素。一旦明确了钻石的切工，就可以根据钻石的宽度和长度来进行钻石的重量评级。

色泽和净度

此外，钻石价值的高低还取决于钻石自身质量的高低，而质量是由钻石的色泽和净度来决定的。净度表示钻石的纯净度，即是否存在任何可见的瑕疵，纯净度有详细的级别排序（详见第88页净度分级表）。钻石的颜色（从D色到Z色）对净度亦有影响，而钻石色泽是钻石评级的最后一个决定因素。

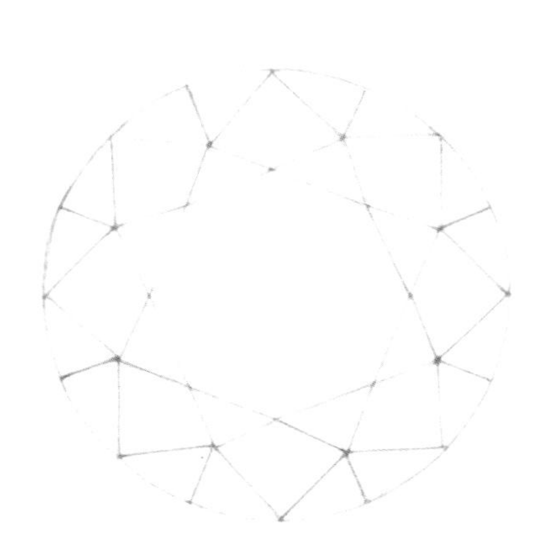

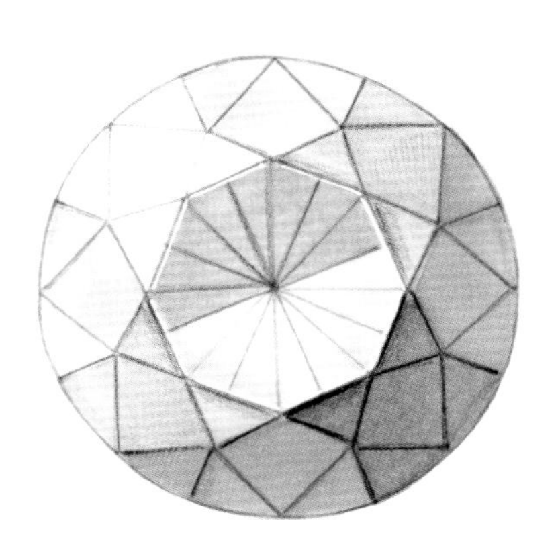

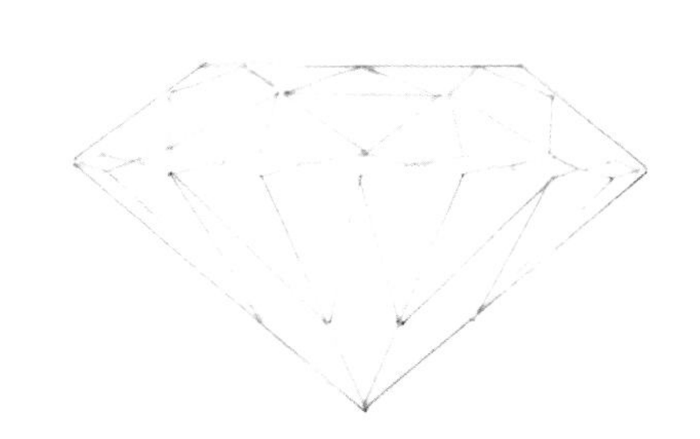

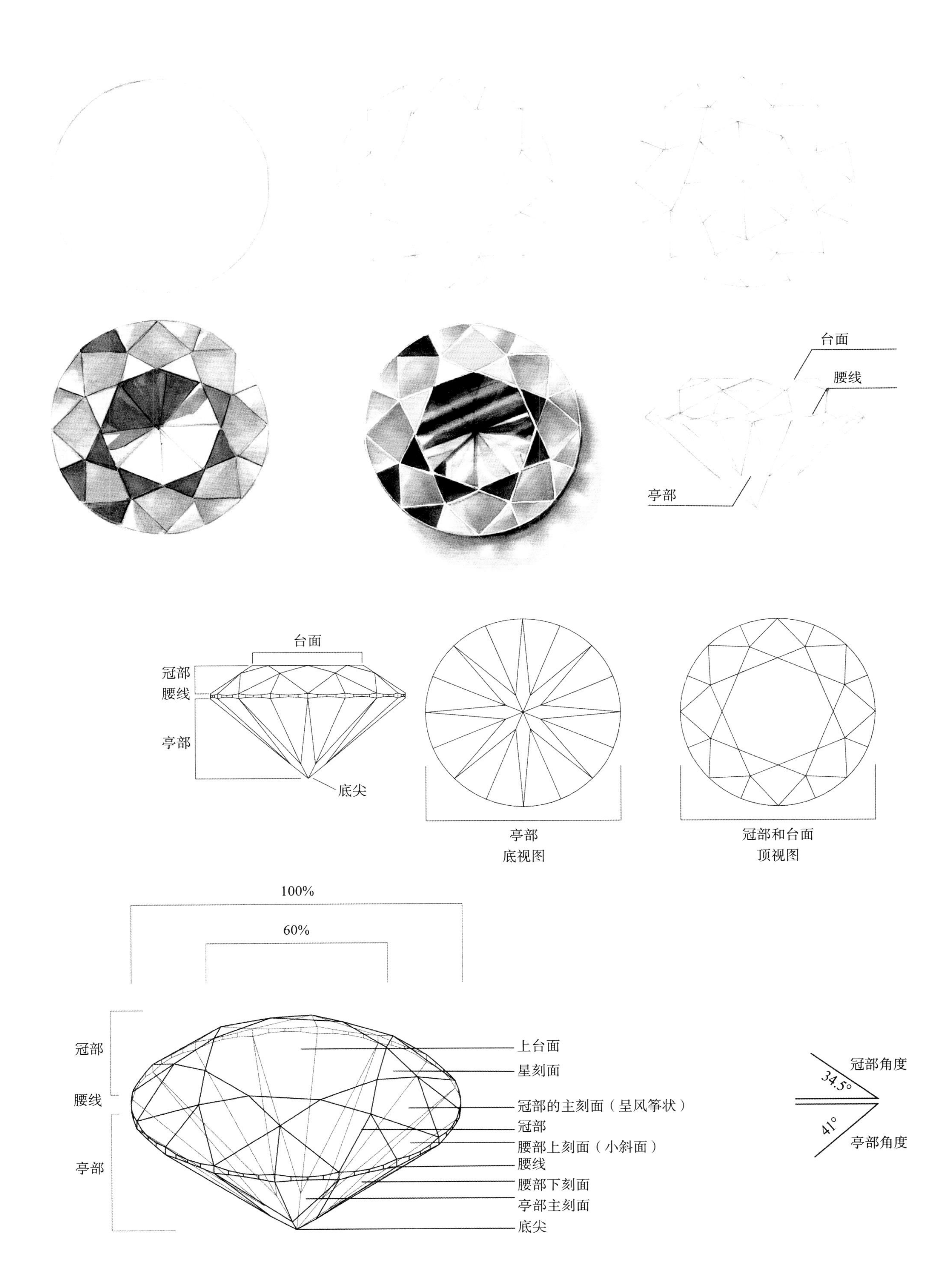
台面
腰线
亭部
台面
冠部
腰线
亭部
底尖
亭部
底视图
冠部和台面
顶视图
100%
60%
冠部
腰线
亭部
上台面
星刻面
冠部的主刻面（呈风筝状）
冠部
腰部上刻面（小斜面）
腰线
腰部下刻面
亭部主刻面
底尖
冠部角度
34.5°
41°
亭部角度

钻石的特征

重量（克拉）

4 ct

3 ct

2 ct

1,75 ct

1,5 ct

1,25 ct

1 ct

0,75 ct

0,5 ct

0,25 ct

纯度（净度）

内部特征

（GIA）

FL IF

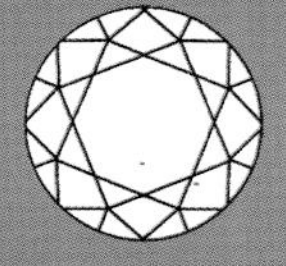
VVS_1 VVS_2

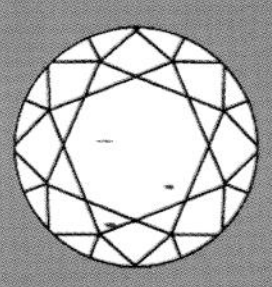
VS_1 VS_2

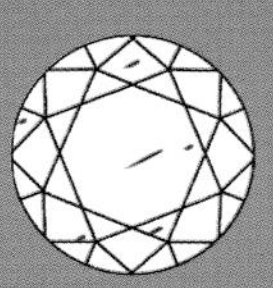
SI_1 SI_2

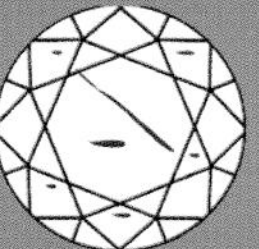
I_1

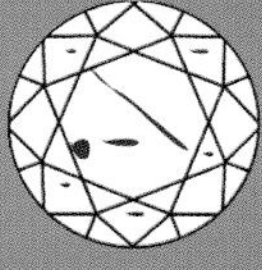
I_2

I_3

（GIA）

色度

D E F G H I J K L M N O P Q R S-Z

（GIA）

切工

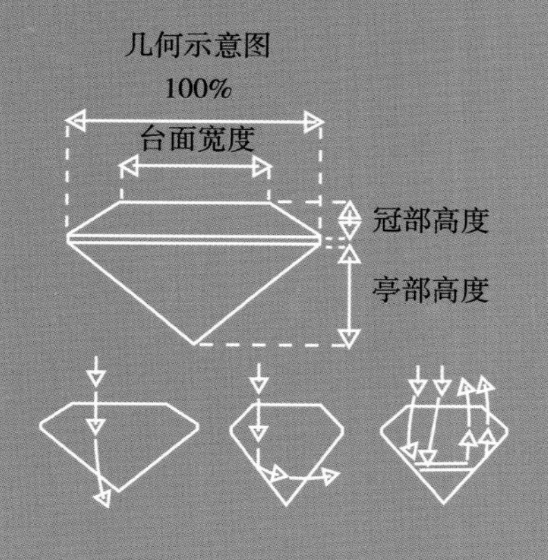

明亮式切割 祖母绿形切割

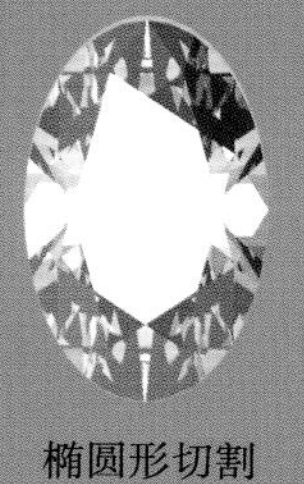
椭圆形切割

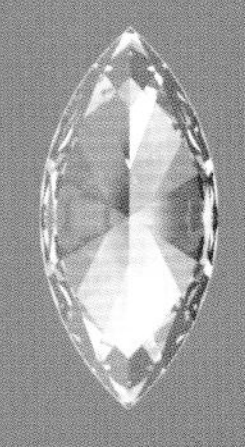
马眼形切割

水滴形切割

心形切割

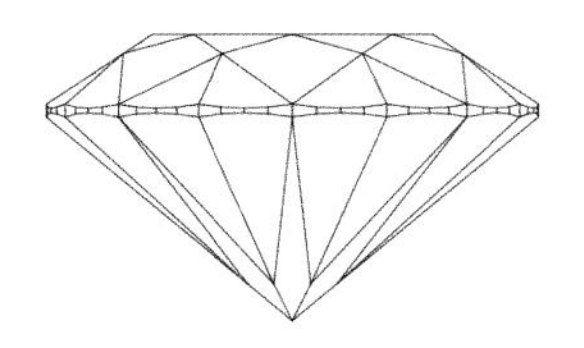
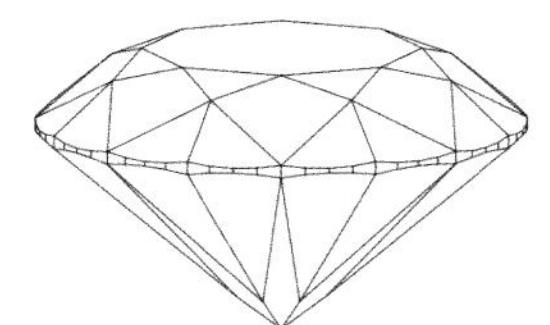
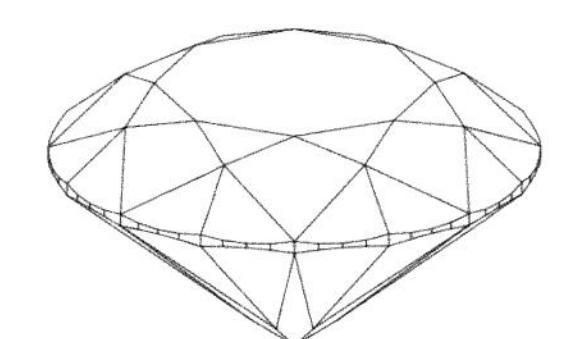
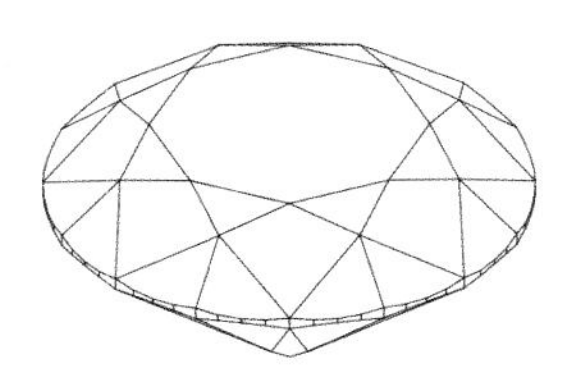
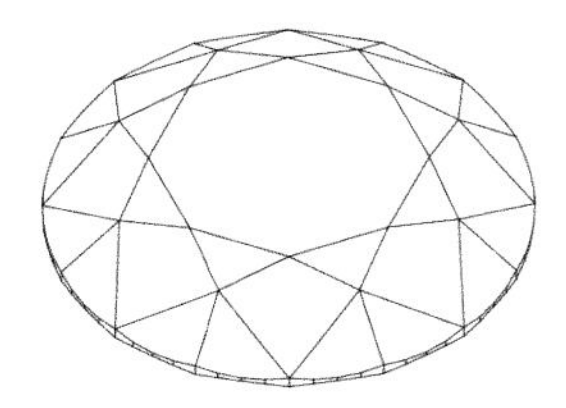
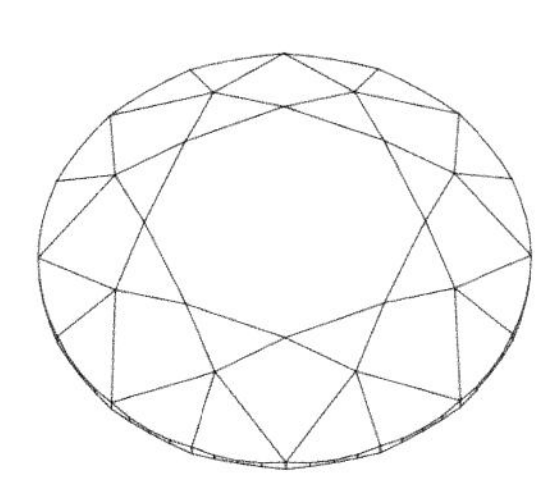
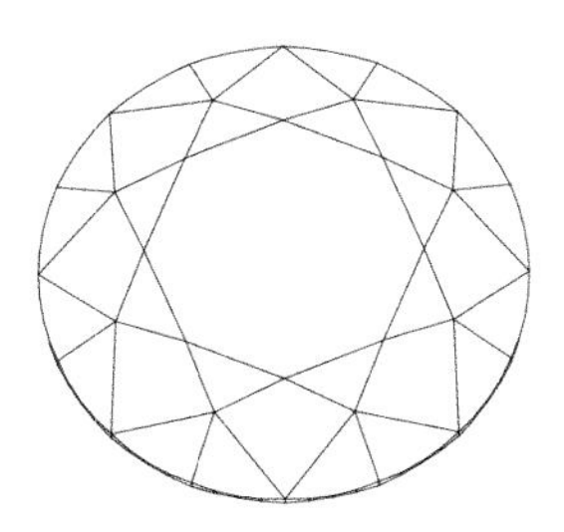
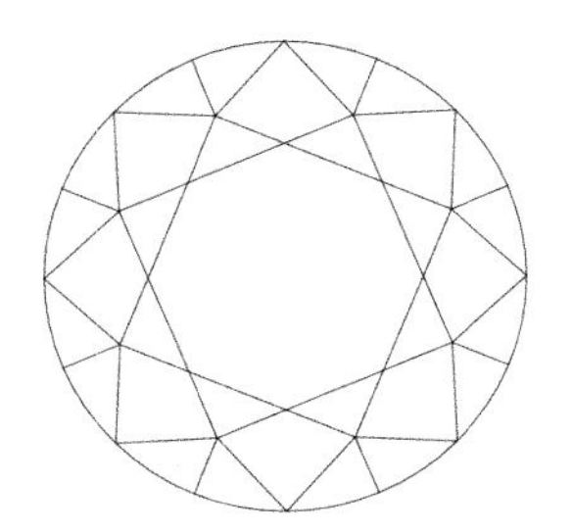

明亮式切割钻石的透视图

钻石的起源

钻石的名称来源于希腊语adamas，意为“不可战胜的”，强调了钻石独一无二的硬度。

钻石是由单一的化学元素碳晶体组成的。尽管彩钻确实存在，但由于钻石的原子结构十分紧密，使得产生色彩的元素很难渗透到这种结构之中。实际上，是钻石晶体结构中（中心色彩区）硼、氢和氮的混合物赋予了彩钻某种色彩。由于彩钻在自然界中极为罕见，因此市场上出售的多数彩色钻石都是人工着色的。

钻石是我们已知最坚硬的天然物质，具有炫目的光泽（对白光的反射效应可通过切割、色泽，透明度和荧光性而得以增强）和令人难以置信的火彩（具有将光线分散成光谱颜色的能力）以及令人惊叹的幻彩（变彩游戏）。经由明亮式切割的钻石能够极好地展现钻石的这些特性。明亮式切割的钻石，其标准的切割面数是57个（58个是包括了底尖）。明亮式切割方式是专门为钻石设计的，但是其他宝石也同样适用。无数宝石打磨匠为这一独特的钻石琢型技术的发展和完善做出了贡献；其中包括文琴佐·佩鲁齐（Vincenzo Peruzzi，18世纪威尼斯人）、亨利·莫尔斯（Henry Morse，1860年他在美国波士顿建立了第一个钻石切割实验室）以及马塞尔·托尔科夫斯基（Marcel Tolkowsky，他出生于一个从事钻石贸易的大家族，于1919年提出了钻石切割的演算方法，运用这种方法可以创造出完美的明亮式切割）。

钻石的种类

除了著名的无色或白色钻石，还有彩钻（彩色钻石），比如黄色、蓝色、棕色、红色甚至黑色的钻石。钻石色泽和净度的评级一般基于GIA（美国宝石协会）所定义的钻石分级标准。

由于光学性质迥然不同，其他的彩色宝石不像钻石那样具有理想的“明亮式切割”的视觉效果。宝石工匠往往根据原石的类型、形状和质量来选择成品的造型风格、切工和形状。宝石的切割直接影响到它的整体价值，同时，切割方式也决定了宝石如何把自身色泽传递给我们的眼睛。

宝石工匠在琢型的过程中，必须同时兼顾美观性和商业性，比如最大限度地保留宝石的重量，以及在外观和大小之间找到完美解决方案，别忘了宝石成品的价值同样取决于它的重量。如果最大限度地保留宝石的临界角（最大折射角），则常常会导致宝石变小。如果你能接受一个比标准切割更大的亭部尺寸，这样的话，尽管宝石可能无法获得最佳的火彩效应，但宝石的重量可以更重一些。有时，类似的抉择的确是极其困难的事情，这种抉择可能更适合占卜师而不是宝石从业者来做。有时候，宝石的大小确实很重要，“大”宝石可能是美的宝石，但事实并非总是如此。通常，为了尽可能地减少重量的损失，我们往往会牺牲宝石的美，或者反过来的情况也会发生。

十七世纪和巴洛克时期

奥地利的玛利亚公主（1638-1683）
风轮形耳饰、圆形切割钻石、蝴蝶结、鲜花

政治力量帮助西班牙奠定了17世纪的时尚主导地位。西班牙时尚之所以具有全球性的影响与其强权息息相关，其强权在查理五世时期达到顶峰。
查理五世的儿子和继承人菲利普二世，甚至把西班牙的流行风尚强加到这一地区所有独立自主的表演活动中。文艺复兴时期完成了服装形制的等级之分，到了巴洛克时期，这种等级之分得到进一步加强。由于黄金、白银、珠宝以及贵重宝石得到了充沛的供应，从而给首饰制造带来了新的突破口，比如金箔项饰、红宝石与异形珍珠吊坠的制作。宫廷里孩子们的穿着打扮充分展现了皇室前所未见的富足。

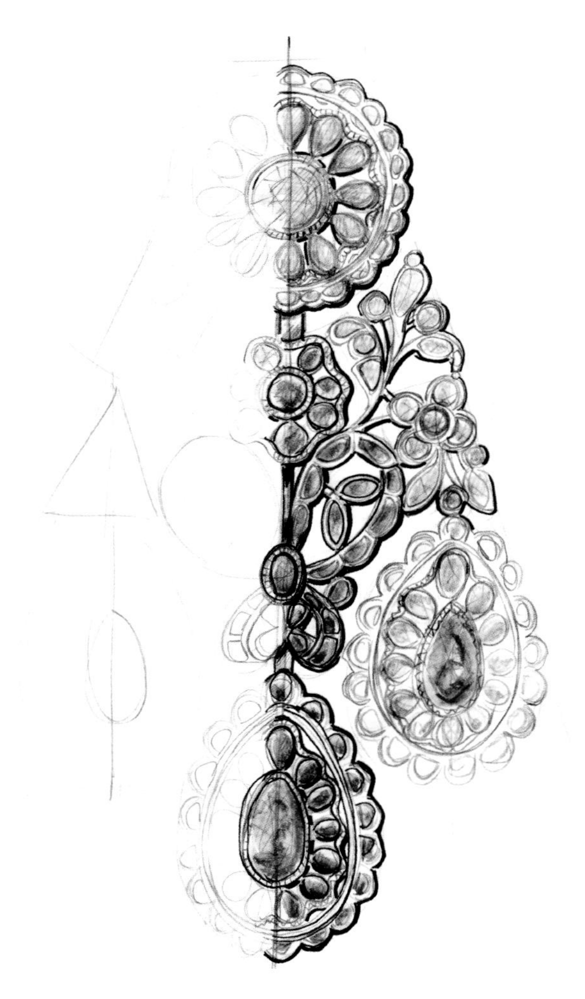

贵重宝石

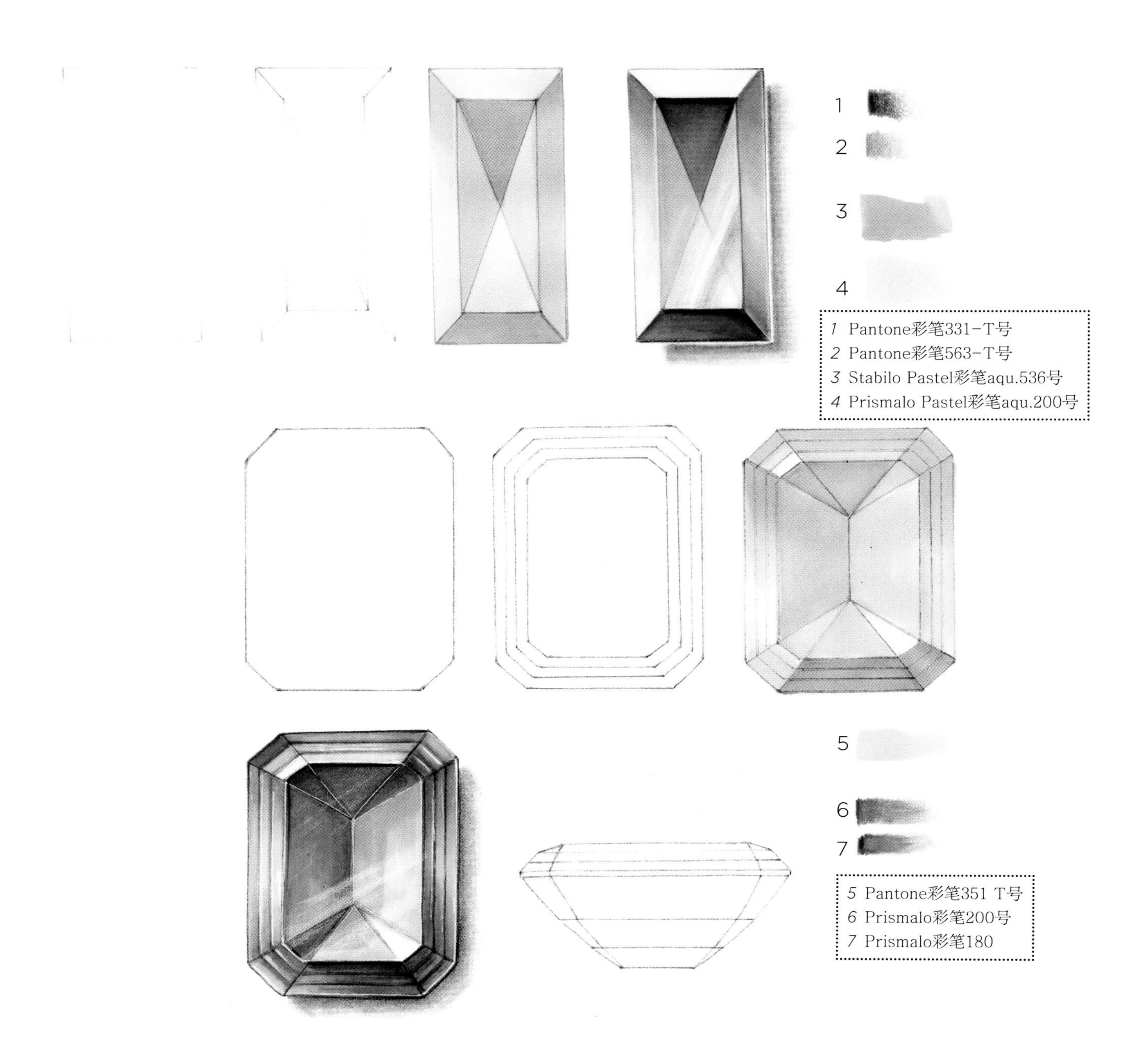

祖母绿

祖母绿的名称来源于希腊语smaragdos，意思是“绿色宝石”。就像红宝石和蓝宝石一样，这个术语被用来描述所有绿色宝石。祖母绿是绿柱石家族的一员（绿柱石的名称源于古希腊语beryllos，意为“蓝绿色的石头”），绿柱石因品种繁多而被誉为“宝石之母”。除了绿色的祖母绿，其他种类的绿柱石还包括蓝色的海蓝宝石、红色的绿宝石或红色的绿柱石、白色的（无色的）透绿柱石、黄色的金绿柱石和粉色的摩根石。祖母绿由于微量的铬、钒和铁的存在而具备了色彩，这些元素含量的多与少，决定了祖母绿呈现出一系列美丽的不同浓度的绿色，以及不同浓度的蓝色、褐色与灰黄色调。祖母绿作为第三类宝石，其体内可见的包裹体可作为鉴别的依据。当宝石在变质岩（由于高温高压而发生物理变化的岩石）中形成时，由于微量铬和钒元素的存在，而造就了独特的“美丽斑点”。这些细微的杂质包裹体和裂隙被专家称为jardin（源于法语“花园”一词）。祖母绿另一个特点是其独有的光泽。祖母绿的光泽时常被描述为“柔滑的”“温暖

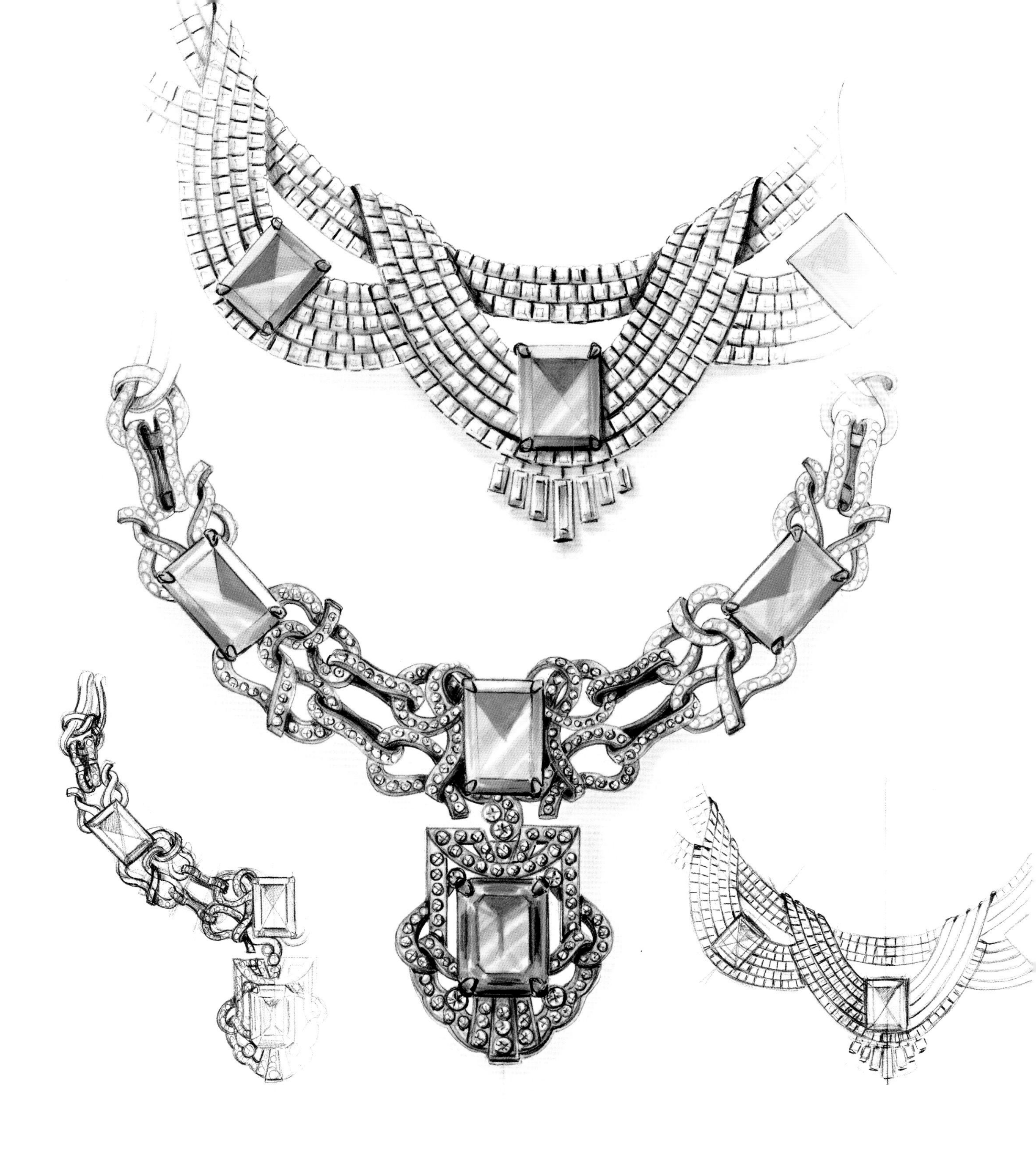

的”和“闪亮的”，显然，这种光泽对祖母绿的颜色、净度和切割均有影响。宝石切割技术水平的高低十分关键，一位专业的宝石切割匠能确保宝石内部包裹体被置于不影响宝石整体美观的位置。“祖母绿切割工艺”中经典的等距切割工艺步骤，可以减少宝石切割过程中的切割压力，从而增强祖母绿的光泽度。哥伦比亚祖母绿已然成为优质祖母绿的代名词，但如今它已十分稀缺。这种类型的祖母绿以其绿色、跳动的火彩以及绝对纯净的宝石晶体吸引着全世界的人们。

新埃拉祖母绿出产于巴西的米纳斯・吉拉斯（Minas Gerais）矿山，与哥伦比亚祖母绿一样具有经典的美，其色泽涵盖从淡绿色到更为浓郁的绿色的范围。达碧兹祖母绿是一种含有细小黑碳纤维包裹体的宝石晶体，有线条从宝石中心向外扩展而自然形成六边形。此外，还有一种祖母绿类型产自于俄罗斯，这种祖母绿具有更高的纯净度并呈现为蓝绿色。

红宝石

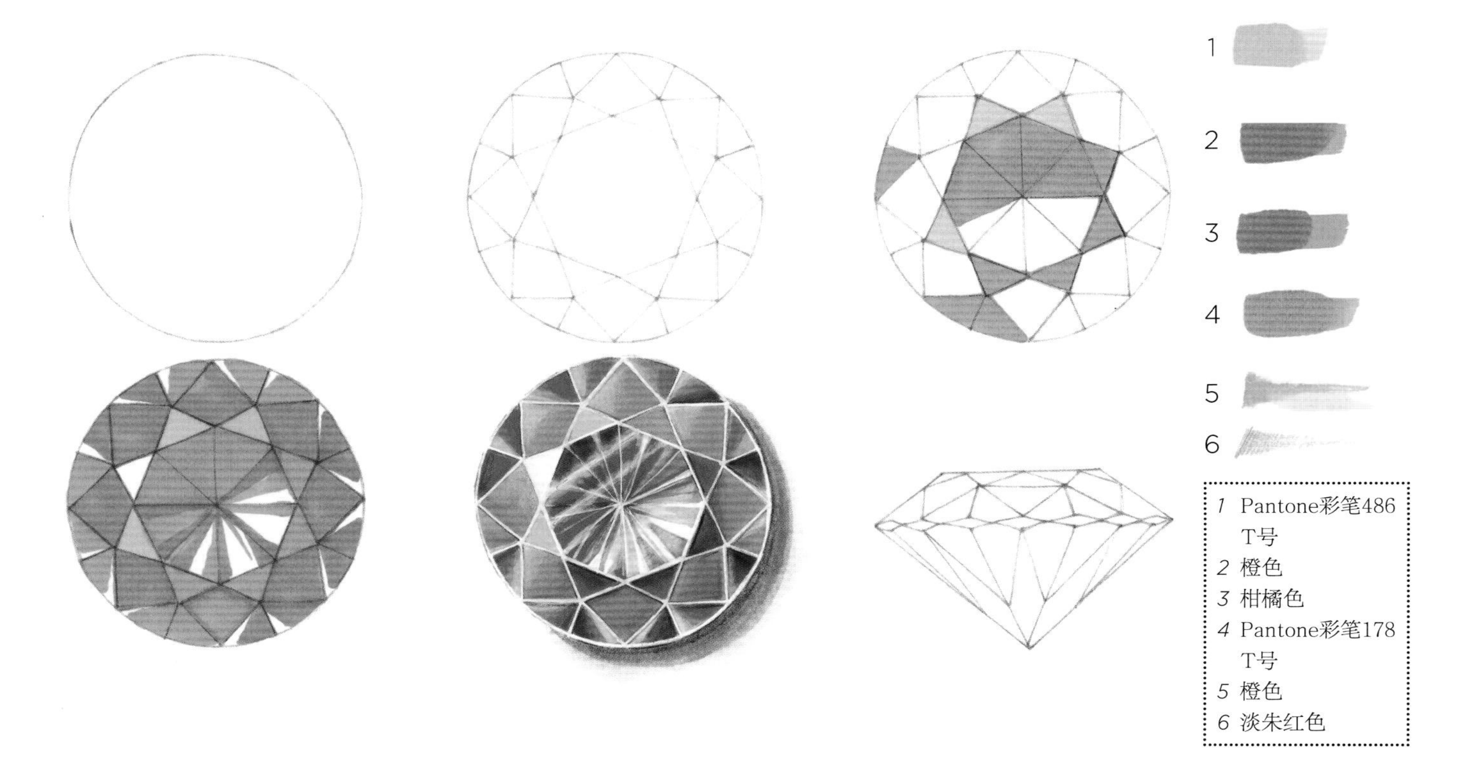

红宝石的名字来源于拉丁语ruber，意为红色。应该说，直到系统宝石学在18世纪得到大力发展，大多数红色的宝石才被称为“红宝石”。自古以来，红宝石、石榴石和尖晶石统称为carbunculus（拉丁语，意为“小煤块”）。古希腊人把这些宝石称为炭疽（燃烧的煤），它们是美丽的深红色的宝石，在太阳照射下呈现出煤炭燃烧之后余烬的颜色。

红宝石和蓝宝石均属刚玉（氧化铝结晶）品种，刚玉的名字来源于梵语kuruvinda。刚玉家族包含不同色泽的宝石，这些宝石在微量元素铬、铁、钛以及色心的共同作用下，获得了彩虹般的色彩。红宝石的红色是由宝石体内的铬元素而产生的，而棕色是由铁元素而产生的。

红宝石是最昂贵也是更为知名的宝石，它比钻石更为稀有，尤其是最浓烈而纯净的红色品种更是少之又少。品质特别优良且净度极好的红宝石往往被认定为3A级。作为一种具有二色性的多色宝石（二色性包括：紫红色和橙红色），即使是“最好”的红宝石，其整体纯粹的红色部分不会超过80%，其余部分还会有橙色、粉色、紫色或紫罗兰等颜色。

完全没有可见杂质包裹体的纯净的红宝石实际上是不存在的，与变石和祖母绿一样，铬元素也是导致红宝石含有可见夹杂物的原因。虽然红宝石和蓝宝石都被归为第二类宝石（在自然环境中，宝石通常都与一些细小的杂质包裹体一同生长，这些细小的包裹体是肉眼可见的），但红宝石的包裹体通常会更多，体积也更小。在一些红宝石中，细微的杂质物（被称为“绢丝”）实际上可以细微地分散光线，从而，宝石的美和价值均得以提升。大多数红宝石在自然光源或白色光源的照射下显得最美，还有许多红宝石能够发出强烈的红色荧光。

3A级坦桑尼亚红宝石以其非凡的净度和珍稀度而迷倒众生，同时这也增加了自身的价值。尽管坦桑尼亚红宝石的体积一般较小，而另一个价格略低的红宝石品种则是马达加斯加红宝石，凭借其优美的绢丝包裹体，马达加斯加红宝石反而更能获得市场的青睐。

红宝石具有多种光学效应，如星彩（星光效应）或变彩效应（猫眼石的变彩效果）。在两个或两个以上不同方向反射光的作用下，红宝石中长条形平行排列的针状金红石包裹体，产生了猫眼效应或星光效应。星光红宝石通常会有清晰可见的星星，这个星星发射出平直的等距射线。标准的星光红宝石通常具有六射星光，但偶尔可见十二射星光的红宝石。所有的星光红宝石和猫眼红宝石都被打磨成弧面（一种凸起的、经高度抛光但没有刻面的宝石造型），当宝石在单一光源的直接照射下，这些光学现象会更加显著。

蓝宝石

蓝宝石的名称来源于拉丁语sappheiros，意为蓝色。也有人认为其名称来自希伯来语sappir（珍贵的宝石）或梵语sanipriya，这个梵语单词用来形容暗色宝石，意为“来自土星的圣物”，这个词源印证了印度占星术中，蓝宝石的确被认为是来自土星的宝石。历史上，蓝宝石一般指的是青金石而不是蓝色刚玉，而今日的蓝宝石在古希腊时期可能被称为hyakinthos。

蓝宝石透明而多色，有蓝色、蓝紫色、蓝绿色以及这些颜色的混合色。有一些蓝宝石表现出强烈的多色性，从不同的角度观察它们能看到不同的色泽。蓝宝石在自然光或荧光灯的照射下显得最为美观，而白炽灯光对蓝宝石没有任何美化作用。虽然红宝石和蓝宝石都被归类为第二类宝石（一般来说，宝石通常在自然界生长的过程中，会有一些肉眼可见的微小夹杂物与宝石共生），但是蓝宝石的净度通常比红宝石更高（而且体积更大），而蓝宝石的一般标准则是肉眼可见的洁净（距离宝石15厘米处裸眼观察宝石，看不见任何杂质包裹体）。在一些蓝宝石中，微小的杂质物（称为“粉末”“牛奶”或“绢丝”）可以赋予蓝宝石“天鹅绒般的”或“清冷的”的外观，从而提升它的美观度和价值。

一般的用法中，“蓝宝石”仅指蓝色品种的宝石，虽然我们应该在宝石名称前加上色彩名，以便表示还有其他颜色的蓝宝石的存在。我们把其他颜色的蓝宝石统称为“彩色蓝宝石”，或者也可以把颜色名作为宝石的前缀来命名。微量元素铬、铁和钛元素创造了蓝色、绿色、橙色、红色、紫罗兰和黄色的蓝宝石。

另一个蓝宝石的类型是星光蓝宝石。它的“星彩”或者“星光效应”是由于针状包裹体在宝石表面形成了星光。这些被称为“绢丝”的金红石杂质包裹体在切工优良的宝石里更为显而易见，并散发平直的等距射线。标准的星光蓝宝石通常具有六射星光，但十二射星光的蓝宝石也能在市场上买到。

十八世纪

蓬帕杜夫人（1721-1763）
花束、紧身胸衣首饰、祖母绿、蓝宝石和红宝石

18世纪的宫廷社会在太阳王执政的最后几年逐渐消失后，重新焕发出活力。这要归功于让娜·安托瓦妮特·普瓦松(Janne-Antoinette Poisson，1721-1764)，她也被称为蓬帕杜侯爵夫人（Madame de Pompadour），是法国国王路易十五最宠爱的情妇。

蓬帕杜戒指就是以她的名字命名的；椭圆形，中间镶嵌红宝石和蓝宝石，边缘镶嵌一圈体积较小的、明亮式切割的钻石。橄榄形或马眼形宝石切割工艺也是为她而专门研制出来的。

传说中，法国国王路易十五想要一颗如蓬帕杜夫人嘴唇形状般的宝石，便委托宝石工匠研制出橄榄形宝石琢型技术。这是一种细长的椭圆形宝石，炫目的火彩能够从宝石中心一直贯穿到宝石的两端。

特殊的宝石切割

水滴形切割

水滴形或梨形切割是明亮式琢型中最常见的一种。这种切割最明亮的部位在水滴形宝石的下端，通常它有71个标准刻面，而刻面之间长度和宽度的比例关系，从某种程度上说，是由宝石琢型匠个人的审美品位来决定的。事实上，水滴形切割是圆形明亮式切割和橄榄形切割两种切割方式的混合，水滴形宝石可以配搭多种设计风格，其浪漫的造型，让人想起水滴或眼泪，特别适合制作成吊坠和耳坠，也可以制作成订婚戒指和其他款式的首饰。

库里南一号钻石（或被称为“非洲之星”）就是一颗水滴形切割的钻石，它是从一颗人类有史以来被发现的最大的钻石原石切割而来的。它被镶嵌在英国皇室的权杖上，现今陈设在伦敦塔的展厅里，是迄今为止世界上最大的切割之后的钻石。然而，最著名的水滴形钻石，莫过于理查德·伯顿送给他的妻子伊丽莎白·泰勒的一颗将近70克拉的绚丽多彩的钻石，这颗钻石又被命名为“泰勒·伯顿”，它承载着整个时代的女性的梦想。1978年他们离婚之后，泰勒宣布想要卖掉这颗钻石，并愿意将部分收益捐给博茨瓦纳的一家医院。第二年，纽约珠宝商亨利·兰伯特（Henry Lambert）以500万美元的价格买下了这颗钻石。据传，泰勒·伯顿钻石现已被黎巴嫩收藏家罗伯特·穆瓦德（Robert Mouawad）收于囊中。

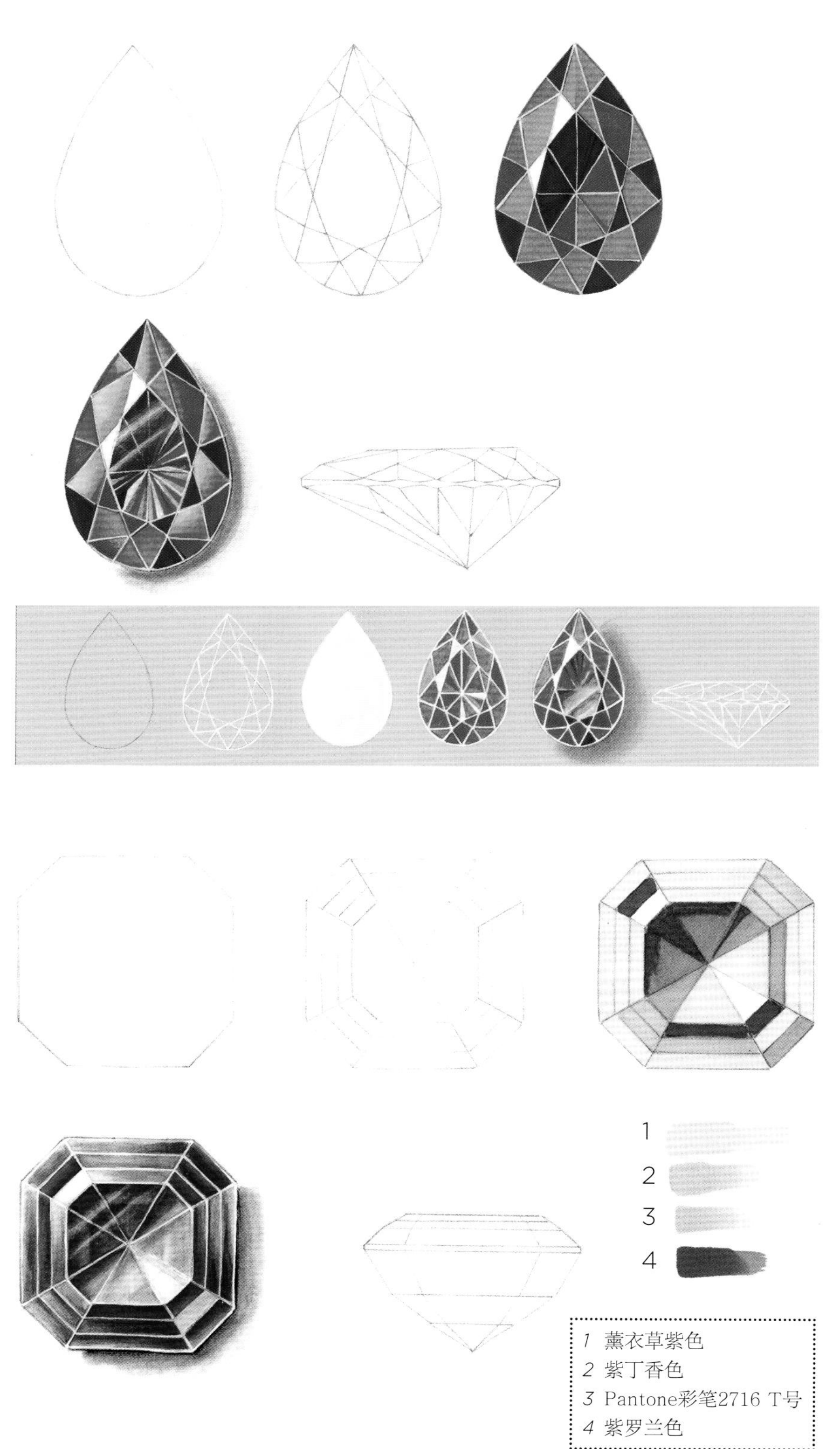

阿斯切切割

阿斯切切割是祖母绿形切割的一种改良，具有阶梯式大切角切割。阿斯切型钻石非常稀有，新的阿斯切型钻石与旧的阿斯切型钻石的价格差别不大。这种切割的市场需求量很大，特别是在古典风格的钻石订婚戒指逐渐流行的时候尤为如此。

长阶梯形切割

长阶梯形切割（法式长面包形切割）的特点在于它的台面造型为平面的长方形，由于这种切割造型类似于传统的法式长面包，因此而得名。这种切割方式具有某种独特的优势，被认为是阶梯形切割方式中最古老和最传统的。它使用的工具和技术相当精简，这使得宝石在切割的过程中做到了尽量减少重量的损耗，从这一点来看，长阶梯形切割要明显优于其他宝石切割方式，如明亮式切割。此外，在宝石的群镶工艺中，长阶梯形切割宝石能够尽量缩小宝石与宝石之间的缝隙，从而，使得所有的宝石能够更加紧密地排列，而呈现出非常美观的效果。长阶梯形切割宝石的体积通常较小，故而很少被用作镶嵌主石，通常都被用作配石来装饰和衬托其他切割类型的宝石。长阶梯形切割宝石的最佳长宽比为1.5:1，但这个比例在实际操作中往往会略有误差，因此，我们很难找到多颗大小完全相同的长阶梯形切割宝石。

除了钻石，长阶梯形切割也适用于其他宝石，包括其原石就具备这种长阶梯造型的宝石，如碧玺。长阶梯形切割还有一种被称为长锥形阶梯切割的造型，表现为其两条短边之中的一条比另一条更长。

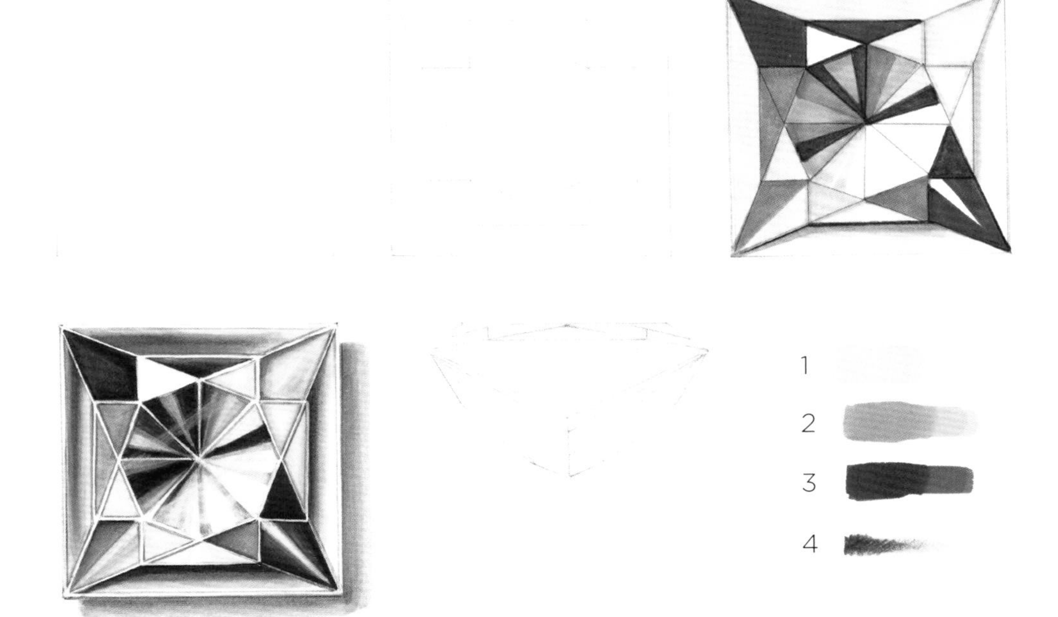

1 珍珠蓝
2 钴蓝
3 Touch彩笔亮蓝色
4 Prismalo彩笔260号

公主方形切割

公主方形切割可能是最著名的混合型宝石切割工艺，它由明亮式切割和阶梯形切割组合而成。在公主方形切割工艺中，宝石的冠部是明亮式切割，而亭部则由阶梯式切割而成。顶部类似于截断的金字塔，底部为正方形或矩形。

可以说，这是一种全新的宝石琢型工艺。60年代初，匈牙利的阿普拉德·纳吉（Aprad Nagy）创制了"齿形切割"，是形状较为平坦的公主方形切割的早期雏形。1971年，南非钻石切割大师巴兹尔·沃特梅耶（Basil Watermeyer）在约翰内斯堡发明了巴里昂切割。此种切割通常具有方形的轮廓，底部会呈现公主方形切割特有的十字形图案，而这个图案是公主方形切割的主要标志。

相比长阶梯形切割和祖母绿形切割，有很多的宝石原石更适合使用公主方形切割来进行加工，以达到更好的效果。公主方形切割似乎越来越受欢迎，主要原因不仅在于它比其他方形切割工艺加工出来的宝石更明亮、更闪耀，也在于在过去的十年里，部分公主方形切割工艺的专利已经过了保护期，从而解除了公主方形切割工艺的使用受限。由于公主方形切割能够获得极大数量的宝石刻面，因此，它特别适合浅色和透明宝石的切割加工。

祖母绿形切割

祖母绿不仅是一种宝石的名字，也是一种被称为“祖母绿形”切割的宝石琢型方式。之所以将这种切割命名为祖母绿形切割，是因为它绝对是加工祖母绿的最佳切割方式，这种切割可以使这种绿色宝石的光芒、色泽和亮度以最佳的方式呈现。它实际上是专门为了解决祖母绿的切割问题以及如何处理祖母绿的粗糙原石而发明的。当然，作为一种经典的宝石切割方式，祖母绿形切割也可用于其他的宝石。它属于“阶梯式切割”家族的一种，其整体造型通常呈现为长方形或方形，但因为有拐角，所以，它实际上是八边形的。

祖母绿形切割在装饰艺术时期非常流行，时至今日，尽管明亮式切割受欢迎的程度超过了祖母绿形切割，但祖母绿形切割仍然是宝石切割的首选造型，比如，那些名门望族和达官显贵们的订婚戒指上的宝石多为祖母绿形切割。

祖母绿形切割的宝石中最著名的是解放者1号，它是从委内瑞拉毛坯钻石中提取的四颗钻石中最大的一颗。“解放者”这个名字来源于委内瑞拉的领袖、南美独立运动的英雄西蒙·玻利瓦尔（Simon Bolivar, 1783-1830）。

椭圆形切割

现代椭圆形切割，属于明亮式切割的一种，是由拉扎尔·卡普兰（Lazare Kaplan）在1957年研制的。拉扎尔1883年出生于比利时，他是当地珠宝商的后代，20岁就开始了自己的钻石加工生意，很快他就成了安特卫普重要的宝石雕刻家之一。

与圆形明亮式切割的宝石一样，椭圆形切割宝石通常也有57个刻面。因为刻面的倾斜角度非常近似，如果刻面之间的大小比例比较合适的话，椭圆形切割钻石的明亮度几乎能与圆形切割钻石的相同。而同等重量的椭圆形切割的宝石看起来要比圆形切割宝石的体积大。一般认为，椭圆形的最佳长宽比为1.33:1到1.66:1，根据个人喜好这个比例最高可调整到1.75:1。

椭圆形切割宝石的形状较为瘦长，因此特别适合镶嵌在戒指上。在首饰中，椭圆形切割宝石既可用作主石也可用作配石来进行镶嵌。

椭圆形切割宝石中最著名的无疑是将近109克拉的“光明之山”钻石（Koh-I-Noor）。据记载，1304年，它从马尔瓦的王宫中被人偷走。Koh-I-Noor的意思是“光明的山”，据说这个名字来源于波斯国王纳迪尔在1739年获得它时所说的一句话。经历了一系列的不幸之后，这颗奇妙的、近乎无色的宝石，被英国王室收入囊中，如今，它被镶嵌在皇冠上，并被陈列于伦敦塔的展厅里。

橄榄形切割或舟形切割

Navette是一个法语单词，意为“小舟”。事实上，橄榄形切割宝石是一种细长的椭圆形宝石，由两条曲边在两端汇聚成两个端点。因此，如此切割的宝石具有一个又大又亮的中心区域，那么，宝石就需要有足够的厚度，否则，光线就会穿越而过，无法形成反射光，从而降低宝石的亮度。一般来说，橄榄形切割宝石的长度与宽度、厚度之比为2:1，而它的标准刻面数和圆形明亮式切割的宝石一样，也是57个刻面。

橄榄形切割工艺具有一定难度，需要由具有丰富宝石切割经验的工匠来完成，特别是橄榄形宝石的两个端点相对脆弱。橄榄形切割也被称为“女侯爵式”切割，根据传说，法国国王路易十五的御用宝石工匠受到国王的亲自委托，来切割一颗造型完美的钻石，这颗钻石的造型像极了国王挚爱的、有教养的、才华横溢的蓬帕杜侯爵夫人的微笑。

库里南1号（Cullinan Ⅰ）钻石是著名的橄榄形切割宝石之一，它是从巨大的库里南钻石原石（重达3106克拉，相当于621克）中切割出来的九颗宝石之一。另一颗巨大的橄榄形切割宝石是从艾克沙修钻石原石中切割出来的，这些切割出来的钻石中最重的一颗达到69.80克拉，其余的为20颗小钻石，艾克沙修钻石可能是继库里南钻石之后最大的钻石。另一颗从艾克沙修切割出来重为18克拉的橄榄形切割钻石，由戴比尔斯公司于1939年在纽约世博会上展出。

心形切割

心形切割同属于圆形明亮式切割家族，但它有59个刻面。大多数情况下，心形切割的琢型参数是由原石的形状和性质决定的：比如说，原石里存在较大的杂质，又不想使宝石丢失太多的重量，就可以选择心形切割来对原石进行加工。

由于形状较为独特，心形切割对宝石工匠来说是一个艰巨的挑战，但同时它也是宝石加工工艺的一项伟大的成果；事实上，宝石工匠需要排除巨大的困难以及运用精确的计算，才能从原石中切割出尽可能大的尺寸的明亮级宝石。

心形切割的起源已不可考，据说它是在印度被研发出来的。显然，心形宝石是周年纪念、生日或情人节的首选礼物，随着电影《泰坦尼克号》的热映，90年代末，心形切割宝石的流行程度达到了顶峰。在电影里，露丝（凯特·温斯莱特饰）和杰克（莱昂纳多·迪卡普里奥饰）的爱情故事始于一条挂有心形蓝宝石的项链。其中名为“永恒之心”的蓝色钻石是极著名的心形切割宝石之一，颜色为美丽的深蓝色，重达27.64克拉。钻石于2000年在南非被发现，现今收藏者的姓名尚不可知。

玫瑰切割

从某种意义上说，玫瑰切割起源于弧面切割，或者更确切地说，玫瑰切割是弧面切割的升级版。在过去，对原石的修整方法主要是去除原石不平整的边缘，并把它打磨成素面。后来，为了进一步提升宝石的美丽度，人们在宝石的圆形表面上切割出了一些平面（刻面）。在这个过程发展出了玫瑰切割工艺，玫瑰切割宝石的造型是一个顶面上有24个三角形刻面的凸面型宝石，宝石底部是平坦的，没有刻面的。花瓣式玫瑰切割是玫瑰切割的简易版，其特点为宝石顶部的刻面较少。

在过去，玫瑰切割主要用于钻石的加工，因为相较于早期粗糙的明亮式切割，很多人更偏爱这种优雅的切割方式。时至今日，却只有极少数的钻石会使用这种切割方式。玫瑰切割能够让宝石在切割过程中重量的损失减到最小，因此它特别适宜于加工没有足够厚度的宝石。为了避免一块石头在进行明亮式切割的过程中失去太多的重量，有时，最好的选择甚至是将这颗宝石切割成两颗玫瑰型刻面宝石。

人们普遍认为玫瑰切割是在17世纪的荷兰发展起来的，到了18世纪初，明亮式切割出现之后，玫瑰切割就不再流行了。但到了20世纪初，玫瑰切割又有了某种程度的复兴，尤其是人们在考虑如何尽量减少钻石的重量损失的时候，都会选择玫瑰切割。

最著名的玫瑰切割钻石莫过于大莫卧儿钻石（Great Mogul）和奥洛夫钻石（Orlov）。大莫卧儿钻石看起来像半个鸡蛋，于17世纪在印度被发现，它的原石重达787克拉，切割后减为280克拉。时至今日，种种迹象表明这颗宝石已经丢失，但也有传言说它现在归印度王子所有。传说奥洛夫钻石（约200克拉）最初作为神灵的眼睛被镶嵌在印度庙宇的神像上，后来钻石被盗，并被偷运到俄国，落入皇室奥洛夫伯爵手中，伯爵将钻石作为礼物送给俄皇凯瑟琳大帝。今天，奥洛夫钻石镶嵌在象征着王权的沙皇的权杖上，权杖藏于克里姆林宫。

三角形切割

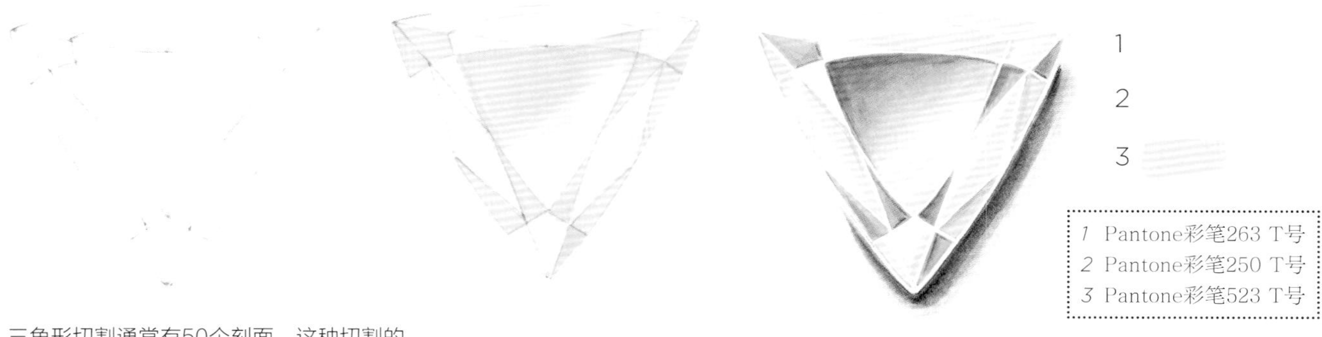

三角形切割通常有50个刻面，这种切割的宝石常常作为配石使用。
三角形切割也是由阿斯切（Asscher）钻石公司研发的，于1960年在纽约投入使用。它以出色的提升宝石光亮度的能力而备受瞩目。基本上，三角形切割的造型均为三角形，边缘线有曲线的、也有直线的，三个端点有尖的、也有圆的。

枕形切割钻石

枕形切割钻石充满了经典的古玩魅力和浪漫气息。“老矿式切割”（Old Mine Cut）钻石在19世纪末和20世纪初非常流行，枕形切割钻石被认为是“老矿式切割”和现代椭圆形切割的混合体。

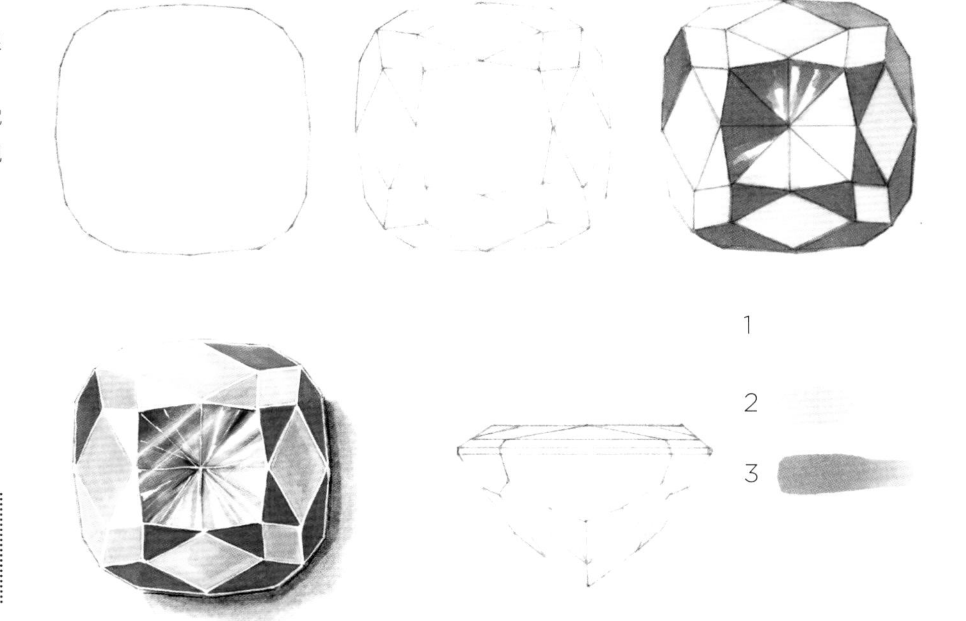

1 Pantone彩笔290 T号
2 珍珠蓝
3 钴蓝

宝石家族

下表有助于获得宝石的相关信息，如化学成分、类别和矿物家庭成员，以及它们的色泽，这些元素总是相互关联的。令人惊讶的是，把具有相似性的宝石放在一起来进行研究是一种十分有效的研究途径，对于石榴石这种具有复杂成员的宝石家族来说尤为如此。下面的表格根据宝石的化学成分（如硅酸盐、氧化物和氢氧化物）以及矿物种群(如刚玉、绿柱石和长石)对宝石进行了分类。

硼酸盐类

硼酸盐硼铝石

硅硼钙石

硼铝镁石

碳类

钻石

- 蓝钻石
- 香槟钻石
- 黄钻石
- 黑钻石
- 粉钻石
- 红钻石
- 绿钻石

碳酸盐类

蓝孔雀石

文石

蓝铜矿

方解石

白铅矿

蓝铜矿

白云石

孔雀石

蔷薇辉石

菱镁石

卤族类

萤石

火成岩类

黑曜石

- 雪花黑曜石

有机类

琥珀

煤玉

珍珠

- 海水珍珠
- 淡水珍珠
- 马贝珍珠
- 珍珠贝
- 南海珍珠
- 大溪地珍珠

螺钿

氧化物和氢氧化物类

锡石

金绿柱石

- 变石：
- 猫眼变石
- 猫眼金绿宝石
- 钒金绿宝石

刚玉

- 红宝石：
- 坦桑尼亚红宝石
- 星光红宝石

蓝宝石

- 蓝色蓝宝石
- 锡兰蓝宝石
- 泰国北碧府蓝宝石
- 缅甸蓝宝石

彩色蓝宝石

- 黑色星光蓝宝石
- 变彩蓝宝石
- 绿色蓝宝石
- 橙色蓝宝石
- 帕帕拉恰彩色蓝宝石
- 帕帕拉恰蓝宝石
- 粉色蓝宝石
- 紫色蓝宝石
- 星光蓝宝石
- 夕阳蓝宝石
- 白色蓝宝石
- 黄色蓝宝石

赤铜矿

碧玉

- 变色水铝石
- 猫眼变色水铝石

赤铁矿

金红石

尖晶石

- 黑色尖晶石
- 蓝色尖晶石
- 幻彩尖晶石
- 锌尖晶石
- 红色尖晶石
- 粉色尖晶石
- 紫色尖晶石

磷酸盐类

磷铝石

磷辉石

磷铝钠石

天蓝石

绿松石

硅酸盐类

绿长石

红柱石

斧石

绿柱石

- 海蓝宝石：
- 3A级海蓝宝石
- 猫眼海蓝宝石

红色绿柱石

草莓绿柱石

透绿柱石

金绿柱石

铯绿柱石

- 双色铯绿柱石

黄色绿柱石

斜硅镁石

赛黄晶

透辉石

- 俄罗斯透辉石
- 星光透辉石
- 透视石
- 蓝线石

顽火辉石

- 古铜辉石

绿帘石

蓝柱石

长石

- 中长石
- 拉长石

月光石

- 彩虹月光石
- 月光石

正长石

光谱石

日长石

- 星光日长石

石榴石
铝榴石：
铁铝榴石
莫桑比克石榴石
镁铝榴石：
莫桑比克石榴石
铁镁铝榴石
锰铝榴石
马达加斯加石榴石
马拉亚石榴石：
变色石榴石
斜方辉石
铬钙铁榴石：
钙铁榴石：
翠榴石
钙铝榴石：
马里石榴石
梅雷兰薄荷石榴石
铁钙铝榴石
铬钒钙铝榴石
钙铬榴石
蓝方石
异极矿
紫苏辉石
符山石
堇青石
玉石
翡翠
软玉
柱晶石
蓝晶石
青金石
锂云母
文卡石
钠沸石
欧珀
黑欧珀
蓝欧珀
蓝色火欧珀
铁欧泊
火欧珀
绿欧珀
果冻欧泊
脉石欧泊
粉欧珀
半黑欧珀
白欧珀
黄欧珀
针钠钙石
拉利玛石
橄榄石

叶长石
硅铍石
葡萄石
石英石
紫晶：
双色紫晶
法国玫瑰紫水晶
紫黄晶
双色石英石
蓝月石英石
玉髓：
玛瑙
东陵石
绿玉髓
火玛瑙
鸡血玛瑙
碧玉
红玛瑙
缟玛瑙
红玉髓玛瑙
红条纹玛瑙
黄晶：
双色黄晶
干邑石英石
绿色紫水晶
柠檬黄晶
橄榄晶
幻影水晶
彩虹石英石
粉石英石
涂鸦石英
烟晶
虎睛石
白水晶
乳石英
蔷薇辉石
方柱石
猫眼方柱石
蛇纹石
硅线石
猫眼硅线石
星光硅线石
方钠石
榍石
锂辉石
翠绿锂辉石：
绿色锂辉石
黄色锂辉石
白色锂辉石
十字石
舒俱来石

泡沸石
托帕石
火烈鸟托帕石
天蓝托帕石
帝王托帕石
猕猴桃色托帕石
樱桃托帕石
伦敦蓝托帕石
桑色托帕石
月光托帕石
海洋托帕石
冥想托帕石
海王星托帕石
瑞士蓝托帕石
暮光托帕石
葡萄托帕石
白托帕石
电气石
锂电气石：
双色电气石
黑色电气石
蓝绿电气石
铜碧玺
幻彩电气石
绿电气石
蓝碧玺
帕拉伊巴电气石
粉色电气石
红色碧玺
钠镁碧玺
铬绿碧玺
绿帘花岗岩石
锆石
拉达那基里锆石
黝帘石
坦桑石：
3A级坦桑石

硫酸盐和铬酸盐类

硫酸铅石
钡天青石
石膏

硫化物类

白铁矿石
黄铁矿石
含锌矿石

玻璃陨石类

绿玻陨石

钨酸盐类

白钨矿石

帝国时代

宝琳娜·波格塞(1797年-1830年)
手镯、宝石雕刻、考古风格、吊坠和椭圆形

帝国时期，拿破仑和他的妻子约瑟芬在复制原法国国王的某些首饰时，刻意选择了新古典主义风格的首饰作为范本。1810年，渴望有子嗣的拿破仑，又娶了奥地利的玛丽亚·路易莎（Maria Luisa）为妻，并送给了新婚妻子一件新古典主义风格的珠宝，这件首饰是以希腊和罗马神话为主题的浮雕首饰的经典之作。皇帝的姐妹们也佩戴着类似的浮雕珠宝，其中包括颇具传奇色彩的宝琳娜·波格塞公主。希腊的考古学家发掘了这些珍贵的珠宝文物，后来，罗马的福图纳托·皮奥·卡斯特拉尼根据这些考古学家提供的珠宝模型，尽可能完美地模仿原作，制作出了复古味道浓厚，却比原珠宝更加精致的珠宝作品。这些复制的珠宝与真品的不同之处在于，它们所用的黄金数量很少，而且卡斯特拉尼使用了特殊的“马赛克微镶工艺”，这是一种将坚硬的宝石、珊瑚和象牙等微小碎片并列镶嵌在一起的工艺。

图说宝石镶嵌

包镶

包镶通常有一个镶口，宝石被放置在镶口中，镶口周围的金属边精准地将宝石的腰部围起来，金属边略高于宝石的腰线，以便能够把宝石固定到位。金属边或包边有平直的也有圆齿状的，宝石的整个腰部都被这样的金属边所包围，或者宝石的部分腰部被金属边包围，这种情况通常被称为半包镶。包镶是一种较为古老的镶嵌工艺，包镶首饰看起来总是轮廓分明，虽略带复古的感觉，但总体来看还是比较现代的。包镶工艺的加工较有难度，因为它要求包边对宝石的镶嵌从各个角度来看都是完全平直的。

虽然包镶适用于所有切割类型的宝石，但实际上，它更易于镶嵌椭圆形和圆形的宝石。

包镶对于镶嵌多边形和多角度的宝石有一定难度。一般来说，包镶能够对宝石的边缘、腰部和亭部起到很好的保护作用，所以，它适合工作忙碌的人佩戴。包镶适合于肩部较宽的以及体积较大的宝石的镶嵌，可用于耳饰、手镯、项饰和戒指的镶嵌工艺。

闷镶

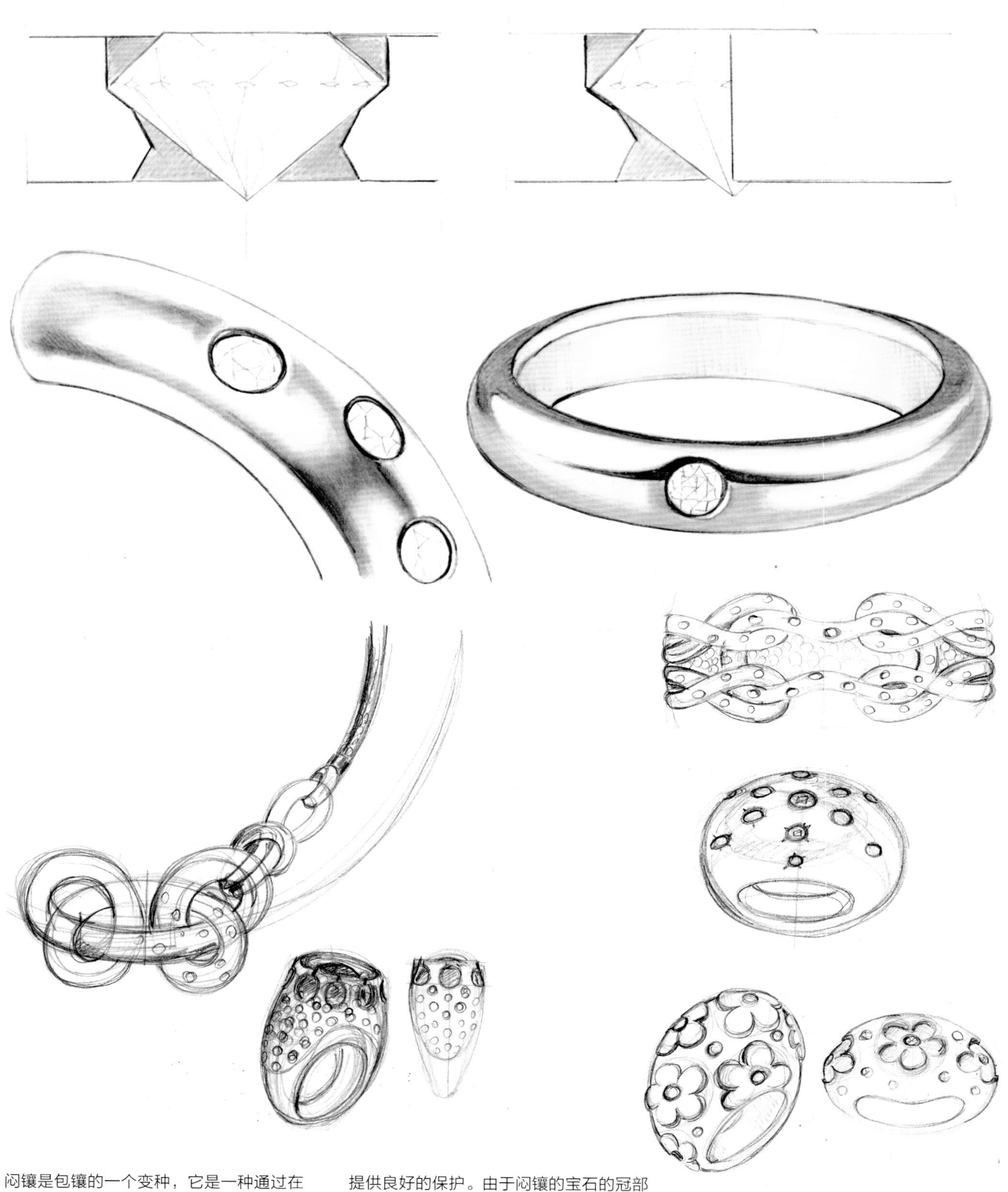

闷镶是包镶的一个变种，它是一种通过在镶石位钻一个锥形的圆孔，宝石落位之后，挤压宝石腰部周围的金属，从而达到固定宝石的镶嵌方法。与包镶不同的是，闷镶的金属包边并不会包住宝石的顶部。这种镶嵌方式能够为所有切割类型的宝石提供良好的保护。由于闷镶的宝石的冠部高于包边，因此，宝石依然能够反射光线。这种镶嵌方式能够使首饰拥有一个平整、圆滑、优雅，并符合现代审美的外观。

轨道镶

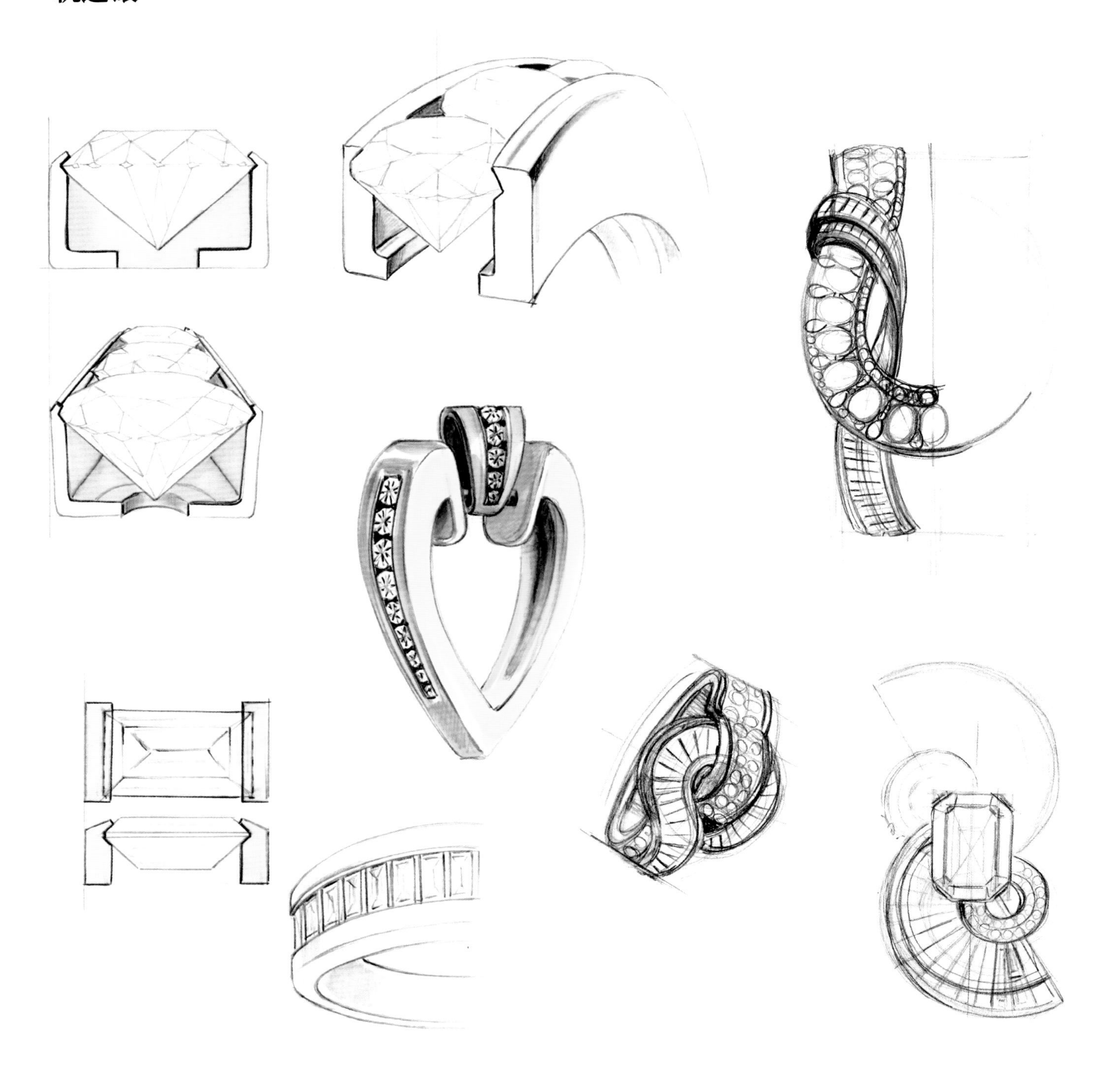

轨道镶是指多颗宝石的腰部之间紧密贴合，整齐排列于由两条贵金属边制作而成的轨道之中的镶嵌方式。宝石槽镶工艺有时也被称为轨道镶。虽然轨道镶能够让宝石的亮度最大限度地呈现出来，但是否能够成功做到这一点，也有赖于宝石自身的亭部是否得到了精确的切割。

轨道镶通常用于体积相当的小型宝石的镶嵌，但也有例外。轨道镶在现代设计中越来越常见，其中，适宜于轨道镶的切割类型的宝石有圆形、长方形、祖母绿形、椭圆形、公主方形、和方形切割的宝石。值得一提的是，在公主方形切割宝石的轨道镶嵌中，宝石和宝石之间没有任何金属，实现了无缝连接。

轨道镶在婚庆首饰中备受青睐，例如无人不知的“白钻白金”结婚戒指和网球手链。网球手链据说诞生于1987年的美国网球公开赛，当时网坛排名第一的选手克里斯·埃弗特（Chris Evert）在比赛时，佩戴的一条轨道镶嵌钻石手链掉落在地，比赛随即中断，直到埃弗特把手链重新佩戴完毕。因为这次事件，轨道镶从此被历史所铭记。

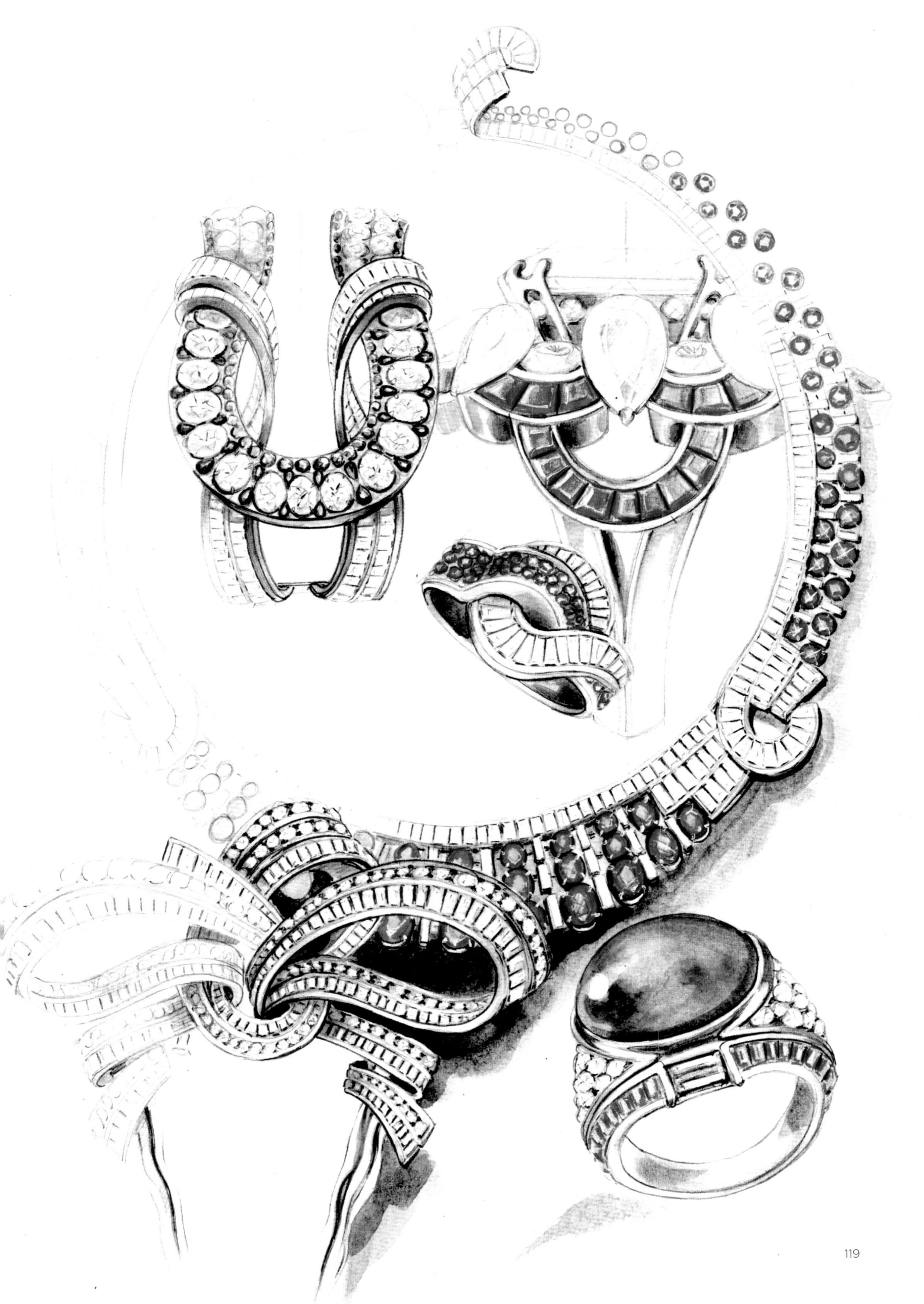

卡镶

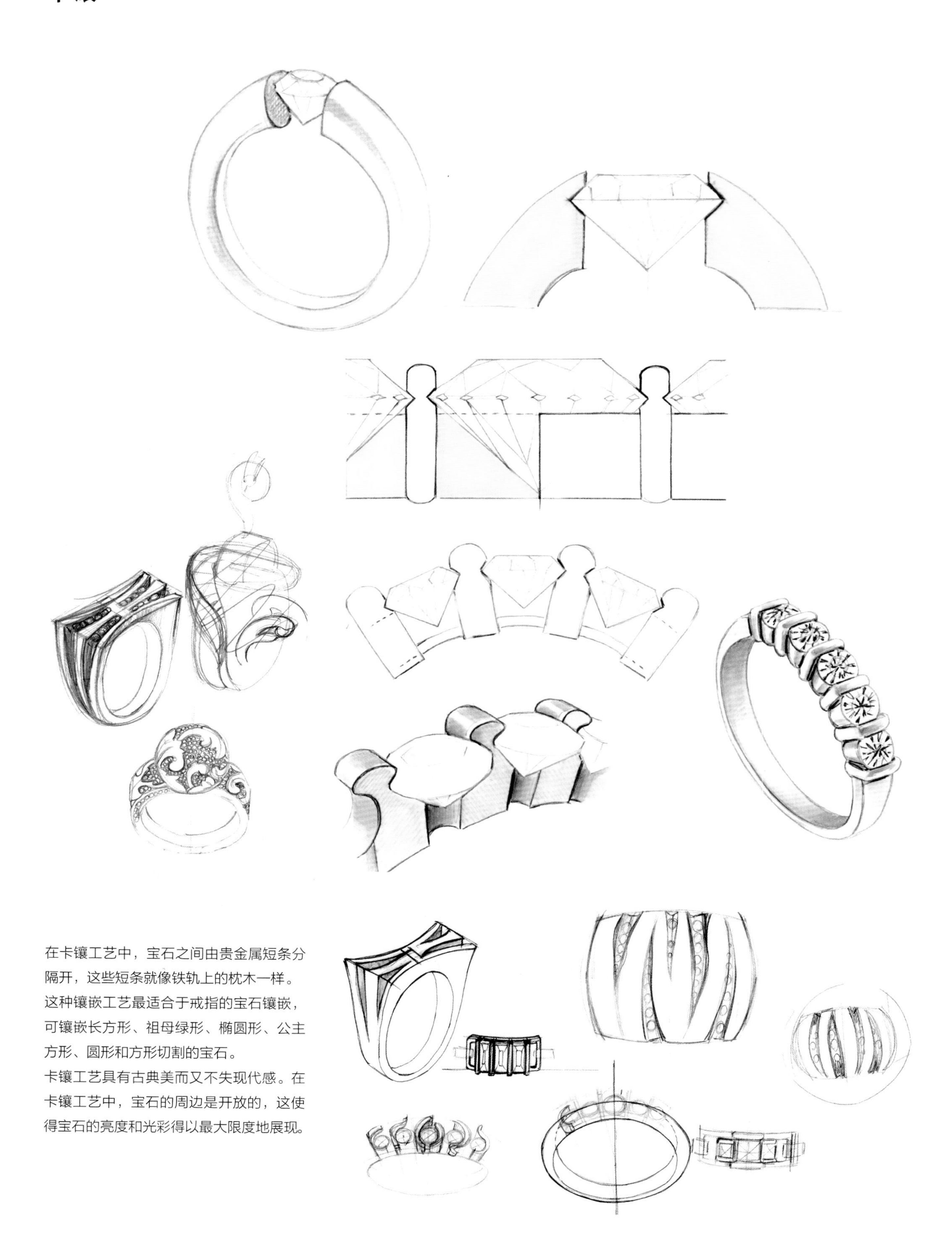

在卡镶工艺中，宝石之间由贵金属短条分隔开，这些短条就像铁轨上的枕木一样。这种镶嵌工艺最适合于戒指的宝石镶嵌，可镶嵌长方形、祖母绿形、椭圆形、公主方形、圆形和方形切割的宝石。

卡镶工艺具有古典美而又不失现代感。在卡镶工艺中，宝石的周边是开放的，这使得宝石的亮度和光彩得以最大限度地展现。

群镶

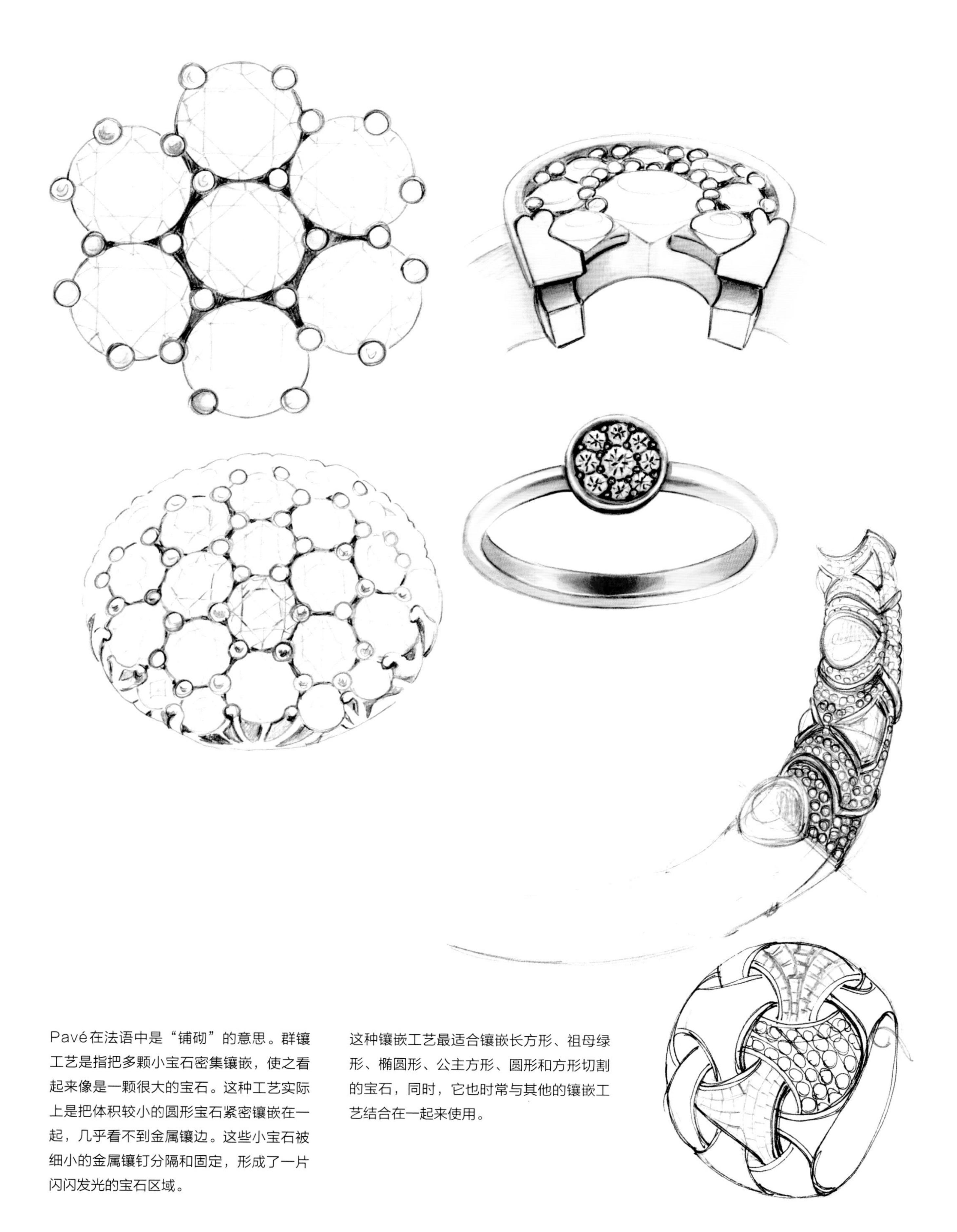

Pavé在法语中是“铺砌”的意思。群镶工艺是指把多颗小宝石密集镶嵌，使之看起来像是一颗很大的宝石。这种工艺实际上是把体积较小的圆形宝石紧密镶嵌在一起，几乎看不到金属镶边。这些小宝石被细小的金属镶钉分隔和固定，形成了一片闪闪发光的宝石区域。

这种镶嵌工艺最适合镶嵌长方形、祖母绿形、椭圆形、公主方形、圆形和方形切割的宝石，同时，它也时常与其他的镶嵌工艺结合在一起来使用。

爪镶

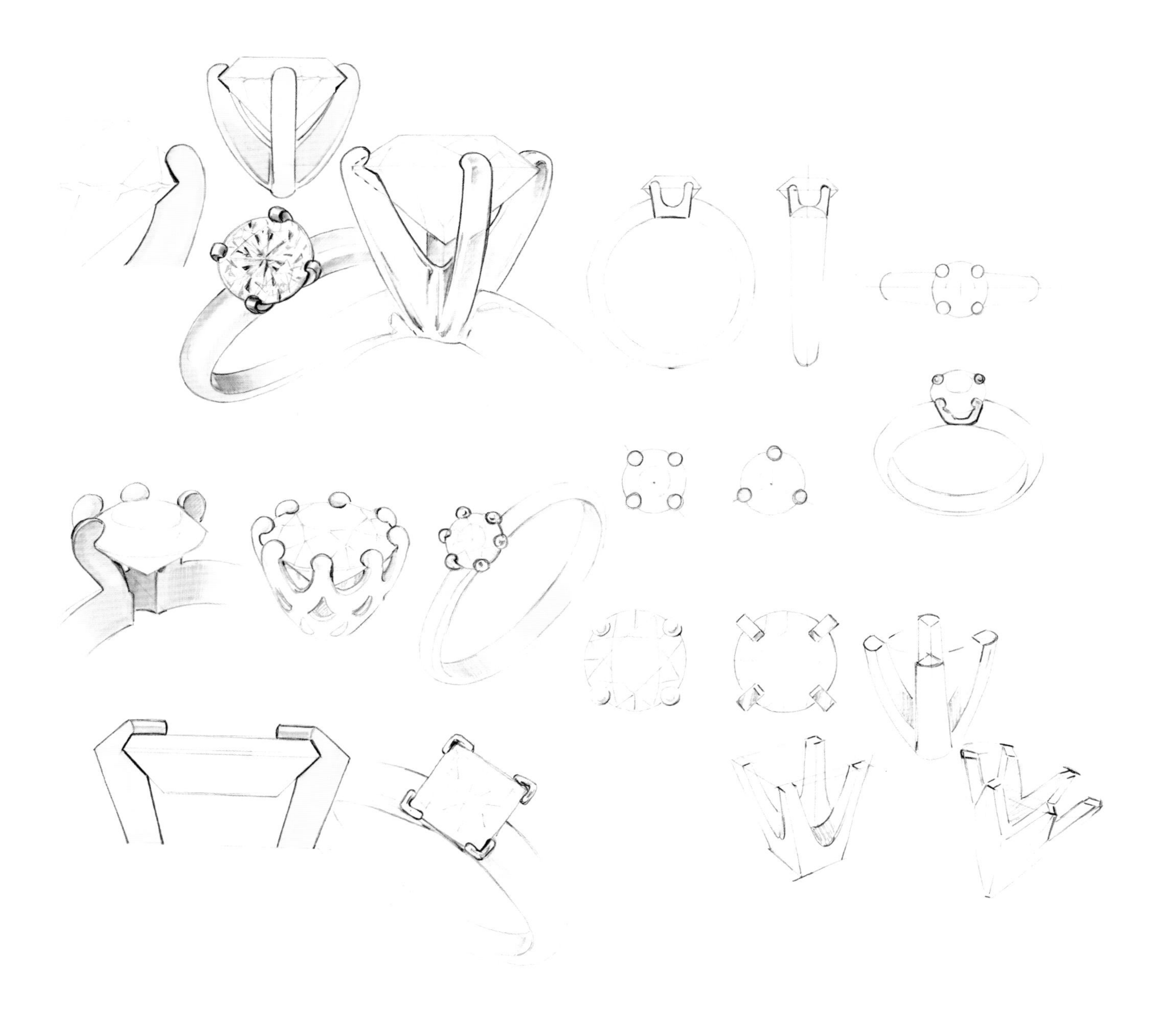

爪镶是最常用的宝石镶嵌工艺。将宝石放入由三至六个等长的金属爪制成的篮筐状的镶口中，就形成了爪镶。镶爪的顶端根据宝石的形状被轧弯，从而能够紧紧扣住宝石，把宝石固定在镶口中。虽然爪镶工艺中标准的镶爪数量通常为四个，但镶爪越多，宝石的固定就越稳固。镶爪的顶端可以是圆形的、椭圆形的、尖角的、V字形的、平坦的或者是名为“加强型爪”的各种装饰造型。

由于爪镶工艺中的镶爪在实际镶嵌过程中，能够很容易根据各种宝石的不同切割形态来做出调整，故而，大多数不同造型的宝石都可以选择爪镶工艺来进行镶嵌。同样的，爪镶工艺中宝石的上半部分可以让光线自由出入，从而使宝石显得更为闪耀。爪镶工艺可以运用到所有的首饰款式中，尤其适合运用到单石戒指、订婚戒指和婚庆珠宝的设计中。例如，由纽约著名的蒂芙尼珠宝公司创始人于1886年推出的、经典的六爪镶嵌钻戒被视为订婚戒指的终极象征。这种钻戒具有强烈的“蒂芙尼”风格，成了“钻戒中的钻戒”。而爪镶和群镶工艺的结合则适合于镶嵌肩部较窄或体积较小的钻石。

珍珠针镶

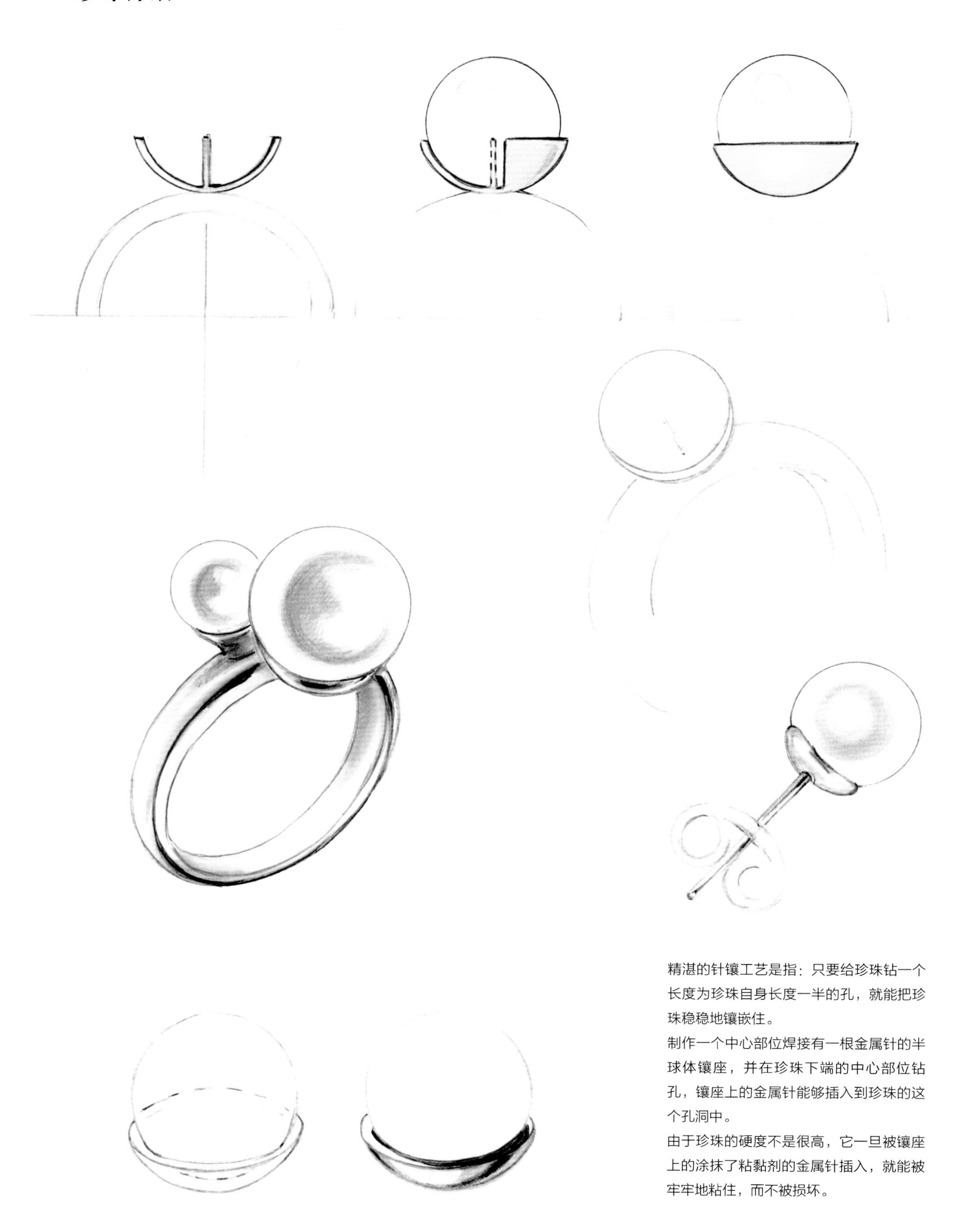

精湛的针镶工艺是指：只要给珍珠钻一个长度为珍珠自身长度一半的孔，就能把珍珠稳稳地镶嵌住。

制作一个中心部位焊接有一根金属针的半球体镶座，并在珍珠下端的中心部位钻孔，镶座上的金属针能够插入到珍珠的这个孔洞中。

由于珍珠的硬度不是很高，它一旦被镶座上的涂抹了粘黏剂的金属针插入，就能被牢牢地粘住，而不被损坏。

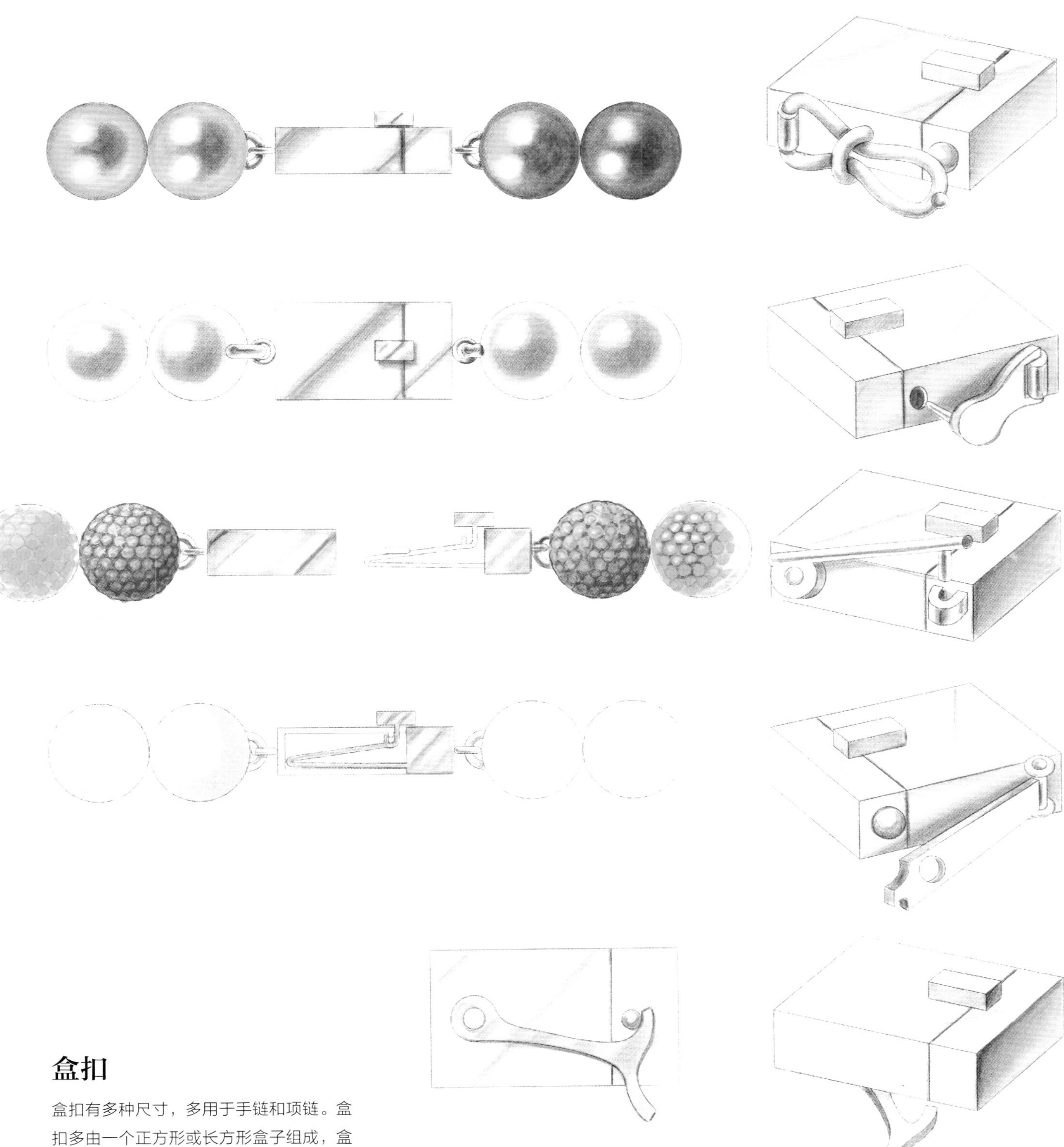

盒扣

盒扣有多种尺寸，多用于手链和项链。盒扣多由一个正方形或长方形盒子组成，盒子内置锁舌。

爪扣和弹簧扣

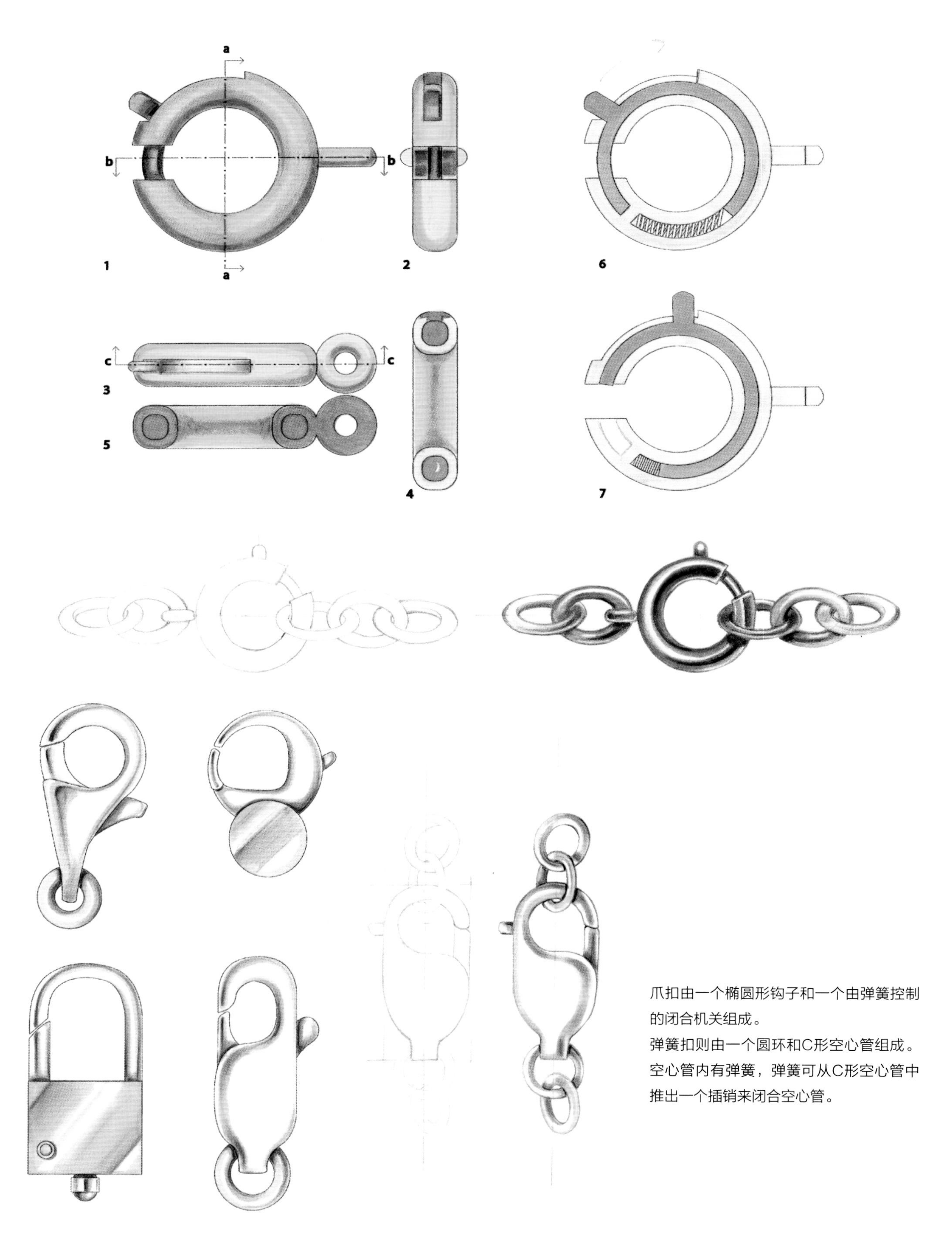

爪扣由一个椭圆形钩子和一个由弹簧控制的闭合机关组成。

弹簧扣则由一个圆环和C形空心管组成。空心管内有弹簧，弹簧可从C形空心管中推出一个插销来闭合空心管。

侧销扣

侧销扣的两端直接由公扣和母扣连接。公扣连接着一个可插入母扣的V形插销，为了避免V形插销的丢失，这个插销用链条与公扣连在一起。

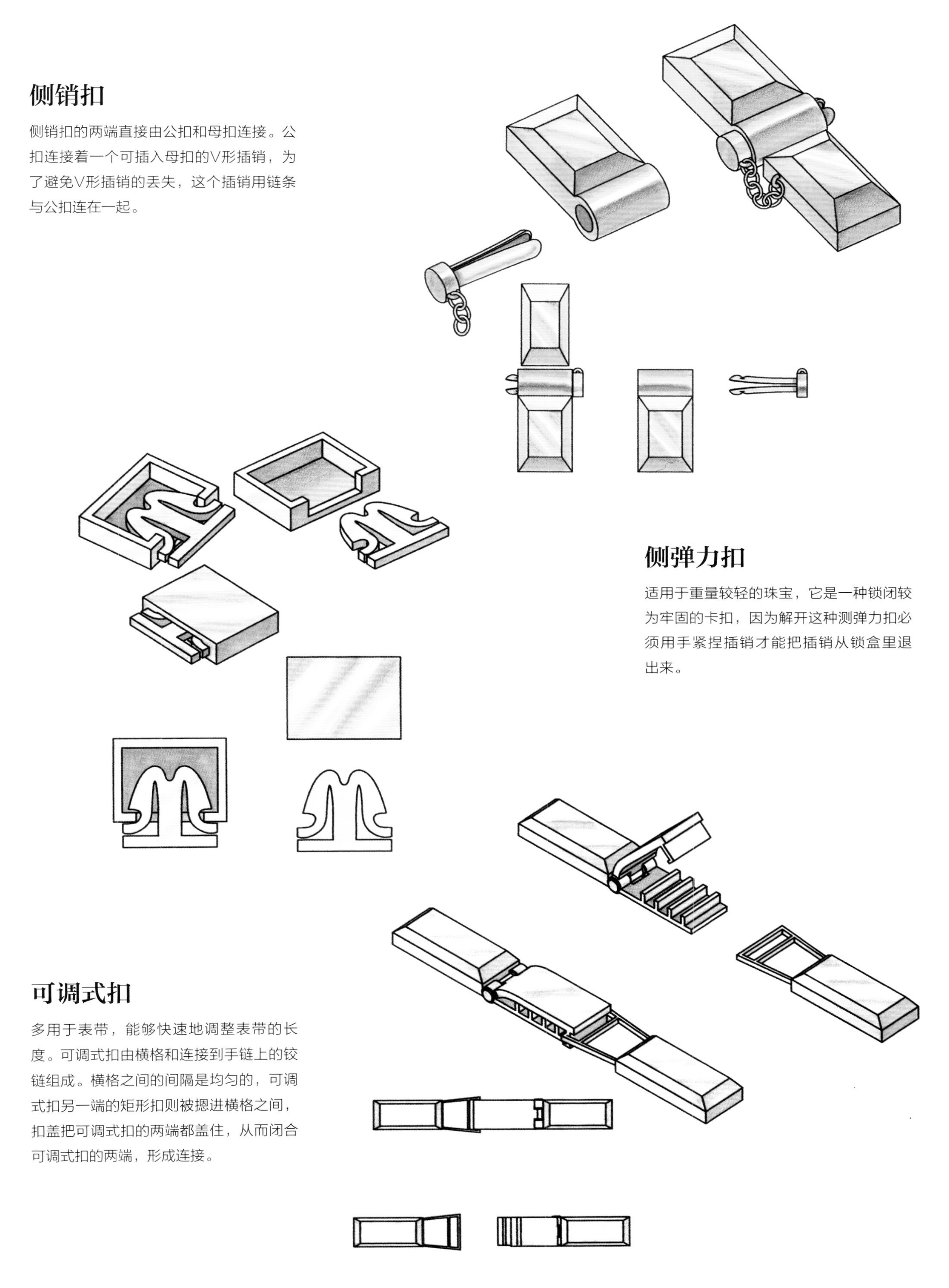

侧弹力扣

适用于重量较轻的珠宝，它是一种锁闭较为牢固的卡扣，因为解开这种测弹力扣必须用手紧捏插销才能把插销从锁盒里退出来。

可调式扣

多用于表带，能够快速地调整表带的长度。可调式扣由横格和连接到手链上的铰链组成。横格之间的间隔是均匀的，可调式扣另一端的矩形扣则被摁进横格之间，扣盖把可调式扣的两端都盖住，从而闭合可调式扣的两端，形成连接。

卡销扣和滑销扣

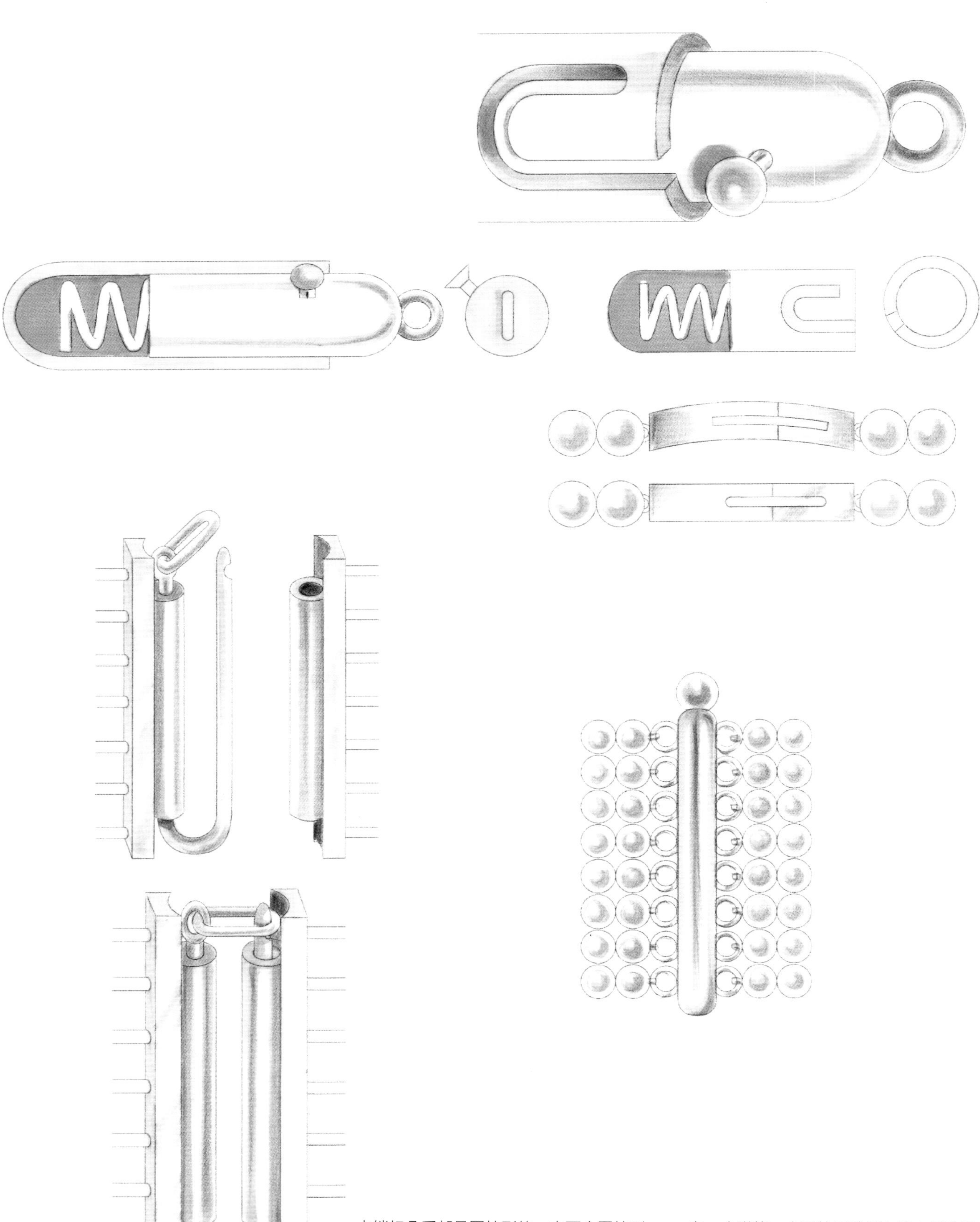

卡销扣几乎都是圆柱形的，由两个圆柱形元件组成，其中较小的圆柱形元件安装在较大的外圆柱套管里边，外圆柱套管内装有一个弹簧。小圆柱元件插入到大圆柱元件中，旋转半圈之后完成锁定。

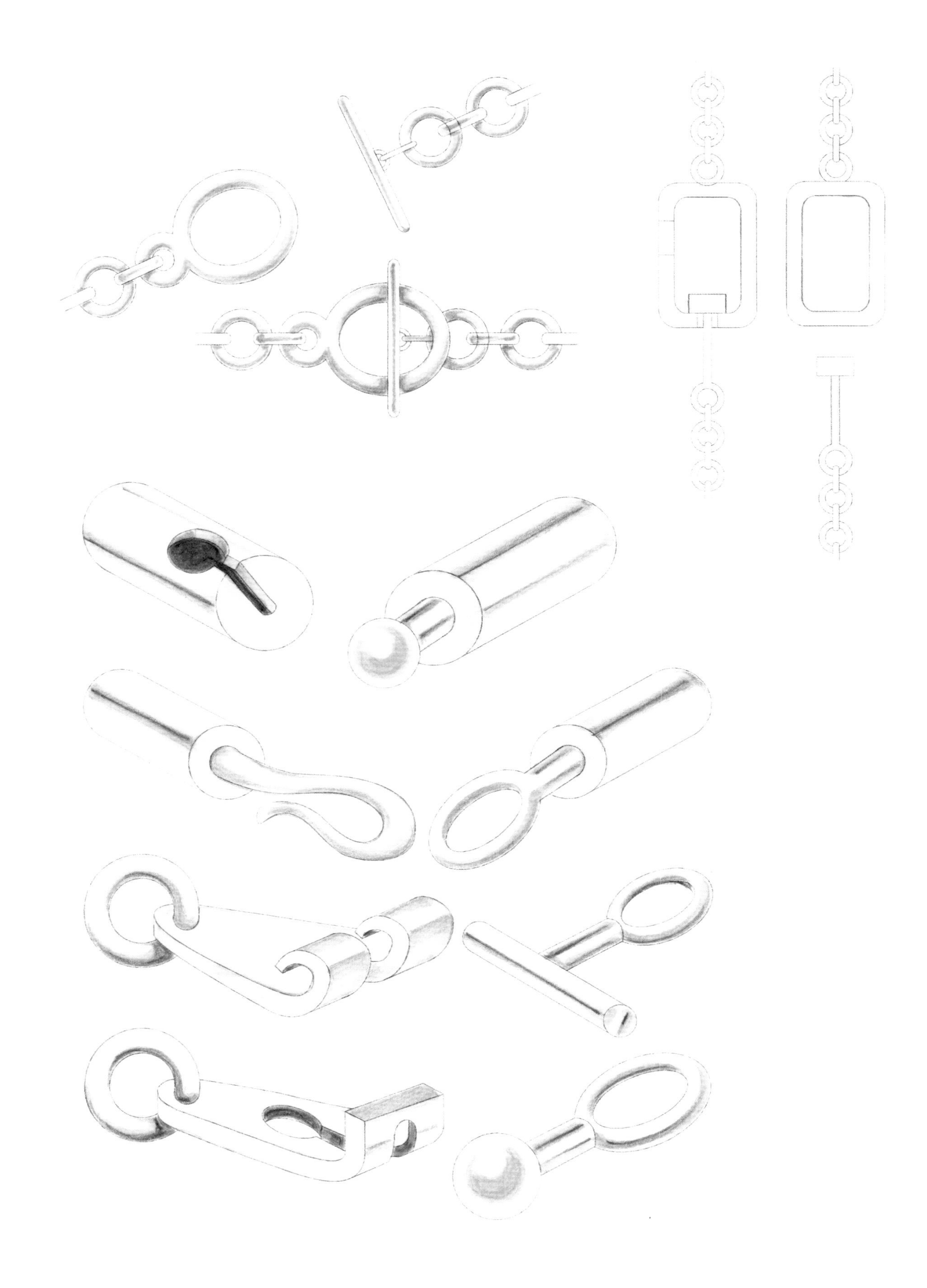

滑销扣的两端通过公扣和母扣接头直接卡在一起。这种卡扣适用于两段或四段链条的连接。滑销扣的两个圆柱形锁头扣紧以后十分牢固，成为较重的项链和手镯的理想连接工具。

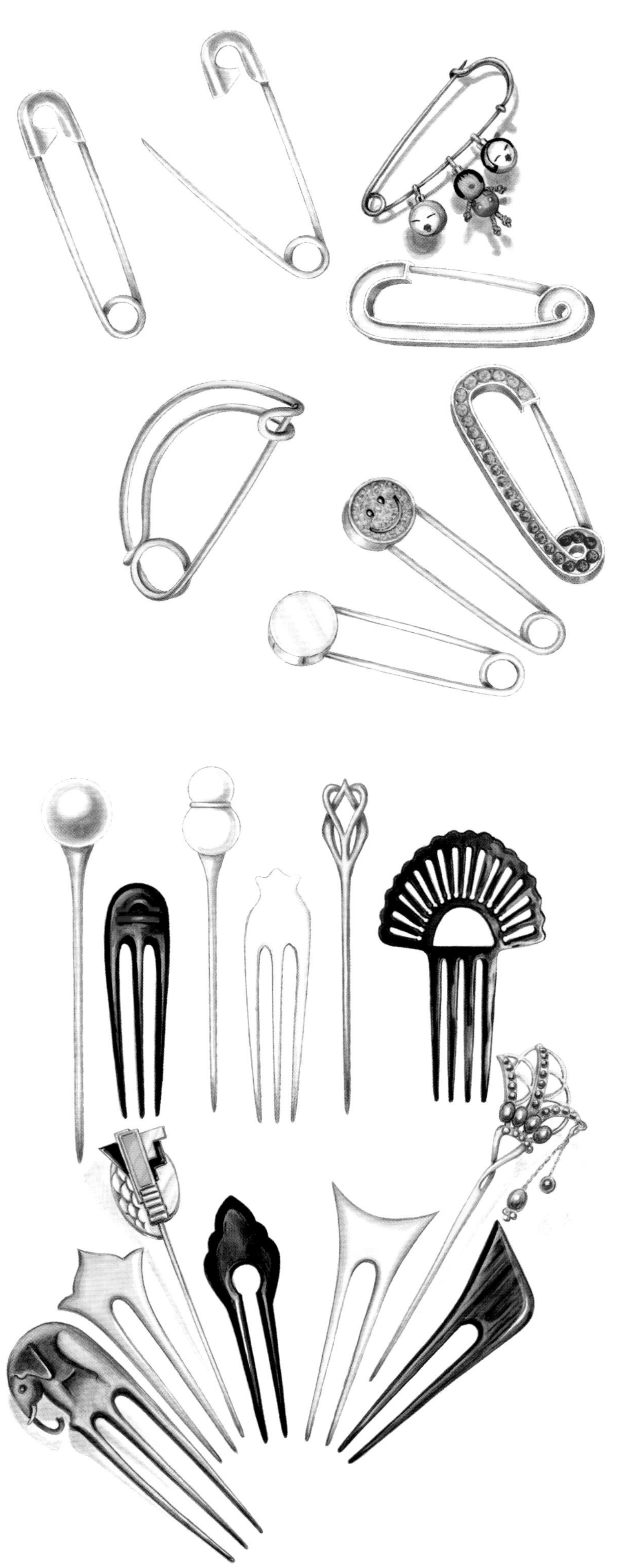

安全别针

安全别针由一根较细的镀铬钢丝制成，它的一端由盘绕成扁平的椭圆形金属丝组成，另一端则是一根尖细的针。在别针的末端，用金属片弯曲成锁头，使别针能够藏进去。别针的另一端有一个金属挡圈，这个挡圈可以防止衣物在别针上来回滑动，挡圈可用金属丝拧成圈状制成（弹簧挡圈），也可用穿有金属珠的别针制成（折叠挡圈）。

这种类型的别针历史悠久，古代的扣针被视为现代安全别针的前身。扣针的历史可以追溯到青铜时代，直到公元6世纪，扣针一直是整个地中海地区广泛使用的连接工具和装饰品。扣针可以用来固定斗篷和衣服。对扣针的现代改造应归功于美国发明家沃尔特·亨特(Walter Hunt)，他于1849年4月10日为这一设计申请了专利。并以此还清了他的400美元的外债。

发钗

发钗是一种一端有尖头的工具，可用于暂时性地连缀、扣连或固定衣物以及女性的发型。

发钗最长可达12厘米，通常由一根有尖头的细杆和另一端较宽的头部组成，细杆为插入的部分，而较宽的头部则用来防止发钗插入时发生掉落。发钗的细杆传统上多用黄金、象牙、骨头和木头来制作，如今则多用钢为制作材料。发钗的头部所采用的材质不同于细杆，常常会采用宝石、玻璃、象牙、珍珠或珐琅加以点缀，以提升发钗的价值。

项链扣

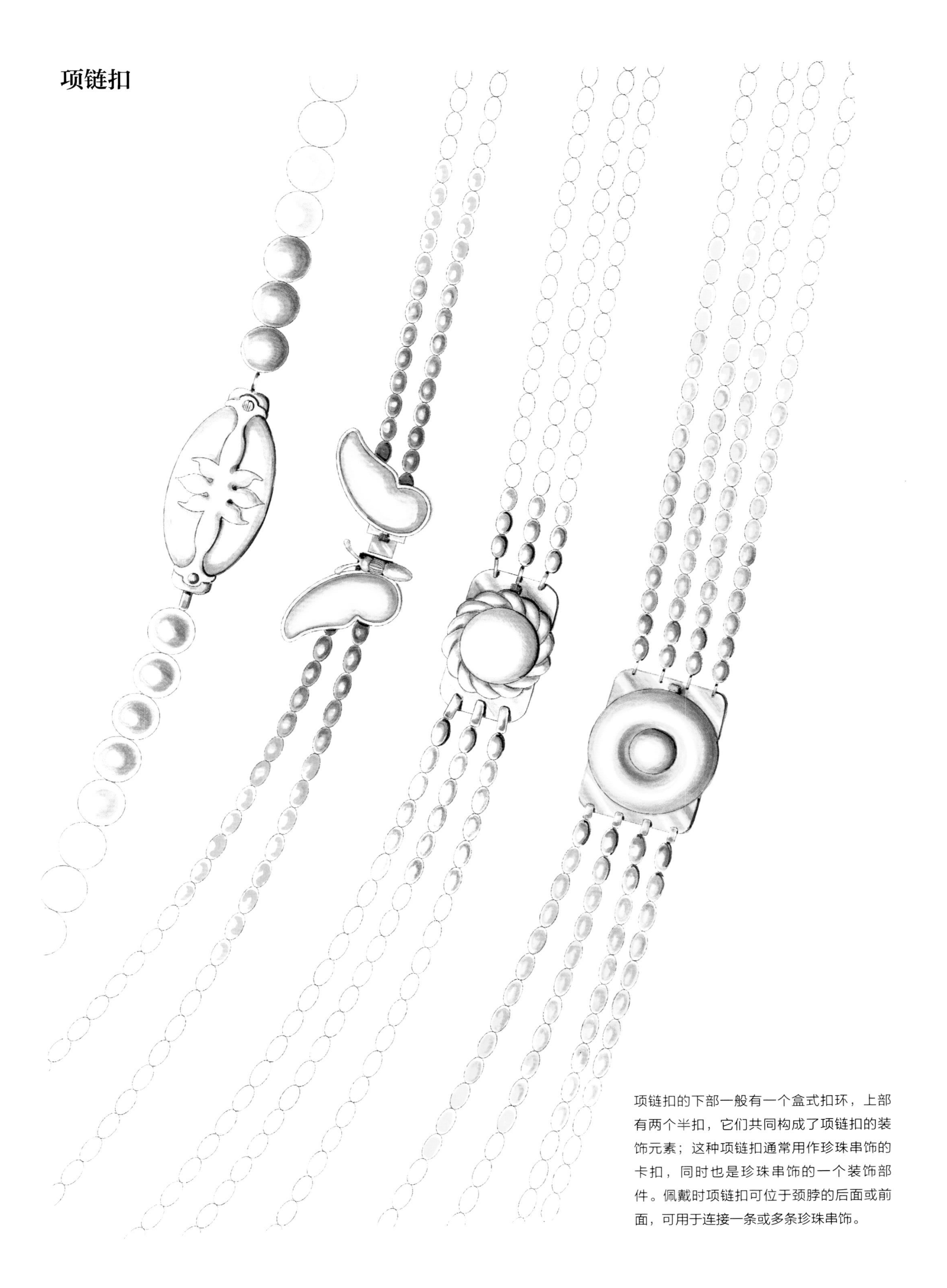

项链扣的下部一般有一个盒式扣环，上部有两个半扣，它们共同构成了项链扣的装饰元素；这种项链扣通常用作珍珠串饰的卡扣，同时也是珍珠串饰的一个装饰部件。佩戴时项链扣可位于颈脖的后面或前面，可用于连接一条或多条珍珠串饰。

耳饰扣

卡式

卡式耳饰扣与钩式耳饰扣的造型基本相同，只不过卡式耳饰扣的背面多了一个卡环闭锁。

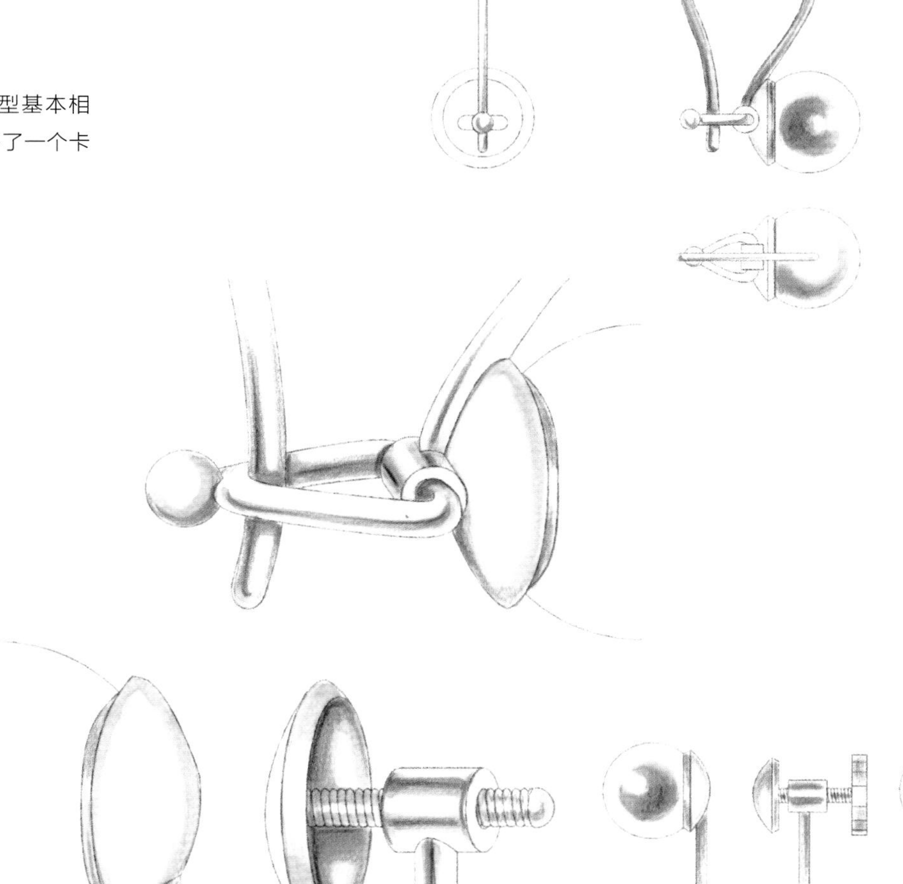

螺旋式

这种耳饰扣具有一种被称为“美式”的螺旋式紧固结构，没有打耳洞的人可以选择佩戴这种耳饰。

定杆式

为了使耳饰在耳垂上的佩戴效果更好，耳环扣的造型应该与耳饰的造型相匹配，这不仅是出于审美的需要，也是获得良好平衡的需要。如果耳环扣与耳饰之间的这种关系处理不当，耳饰就会摇摆不定，耳环扣也会在操作不慎的情况下意外打开。对于打了耳洞的配戴者而言，佩戴“定杆式”耳饰扣的耳饰是最简单的选择，“定杆式”耳饰扣有一个可活动的弯钩，弯钩穿过耳垂的耳洞，其末端被固定在耳饰的一个固定点位上。

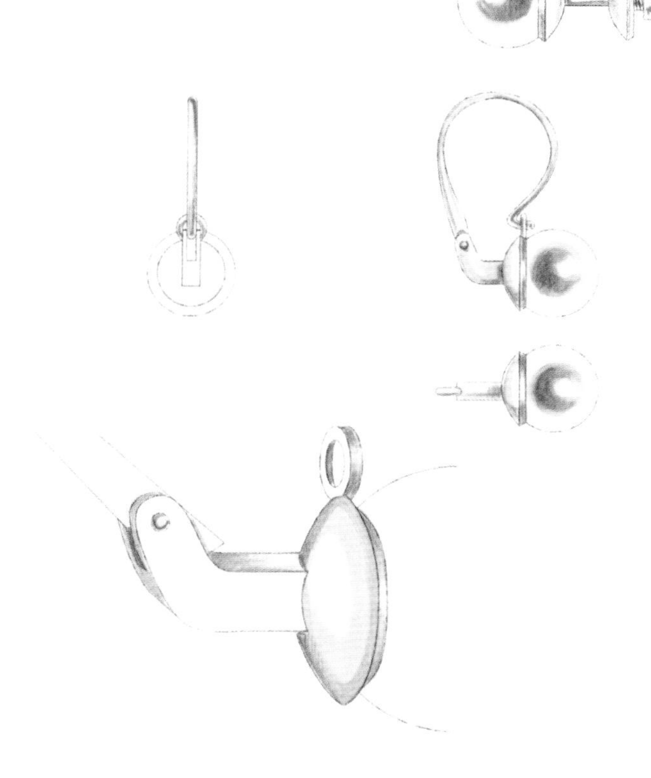

蝴蝶式

蝴蝶式背夹，或耳堵，因为从耳垂前面看不到耳饰的配件，所以，耳饰看起来十分轻巧。这就是所谓的悬浮式佩戴。蝴蝶式背夹通过两个别针把耳饰固定在耳垂上。其固定结构较为经典，由一条弯曲成蝴蝶形状的金属条构成。蝴蝶式背夹的托片的中心部位有孔，可容许耳饰的金属丝穿过，这使得耳饰的佩戴简单易学。背夹的两个夹针起到了把耳饰固定在耳垂上的作用。

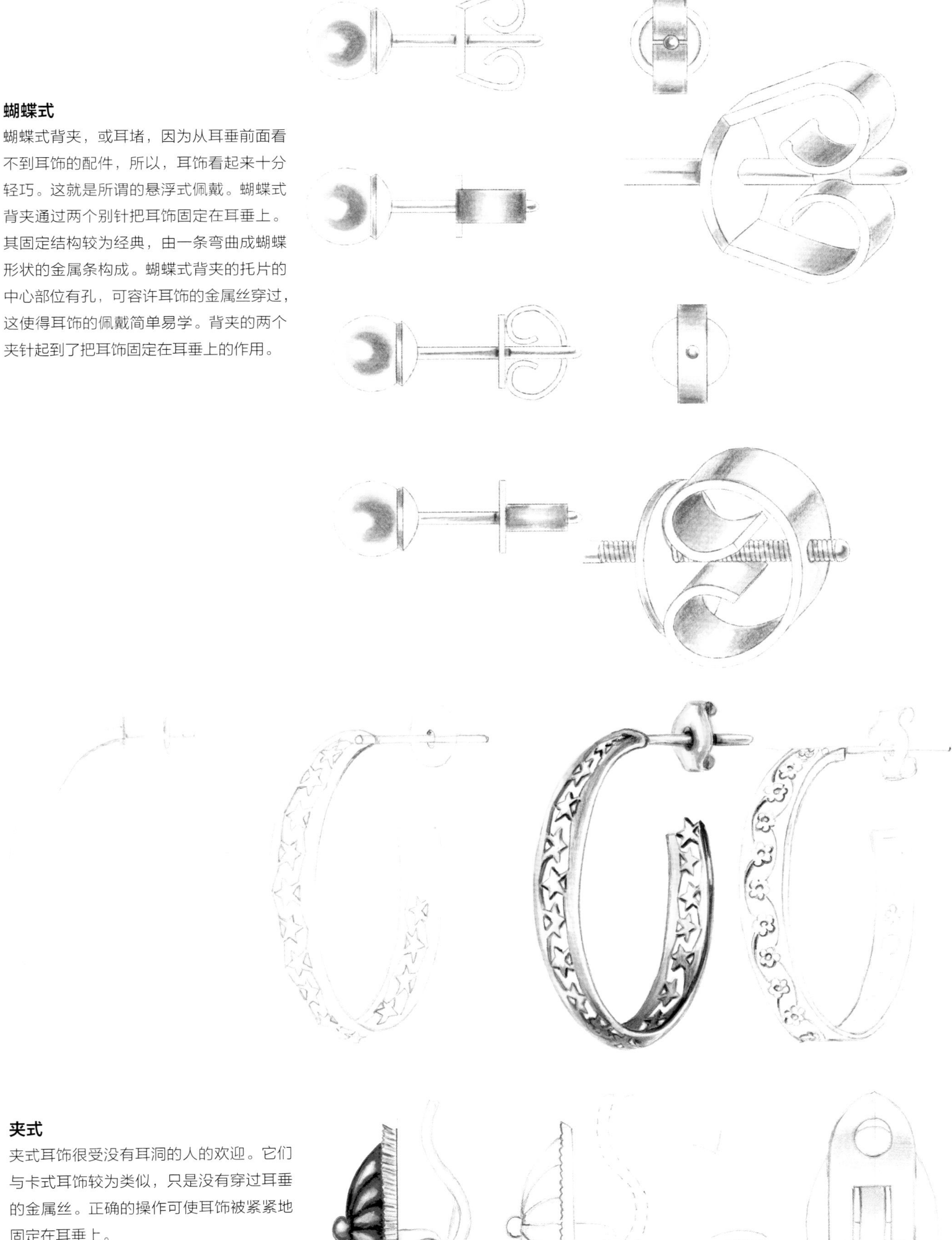

夹式

夹式耳饰很受没有耳洞的人的欢迎。它们与卡式耳饰较为类似，只是没有穿过耳垂的金属丝。正确的操作可使耳饰被紧紧地固定在耳垂上。

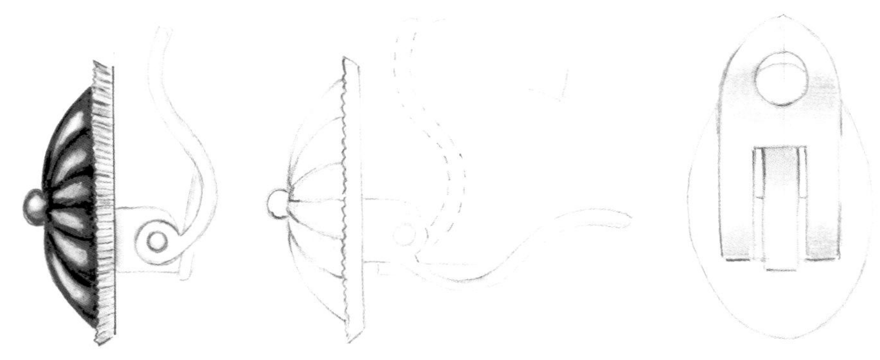

新艺术运动—美好时代

玛切萨·路易莎·卡萨蒂·斯坦帕（1881-1957年）
胸针、花卉、动物形态

新艺术运动时期的珠宝尝试开始运用新材料和新技术。玛切萨·卡萨蒂收藏的珠宝多由法国珠宝设计师雷内·拉里克设计制作，十分具有创新性，因为这些珠宝避开了镶满钻石的常规项链设计样式，而采用具有很高雕塑价值的、珍贵和半珍贵的材料来设计制作。其设计主题通常是自然的题材，比如昆虫和花卉。这些珠宝最常用的三种装饰工艺分别是平涂珐琅工艺（珐琅平涂于金属底胎之上）、厚涂珐琅工艺（在金属表面多次涂饰珐琅，以创造立体浮雕效果）和透光珐琅工艺（在金属丝制成的框架内填充珐琅，没有金属底胎）。

图说链子

链子的起源非常久远，应该说，链子不仅是用来悬挂吊坠的功能性物品，它本身也具有一定的美学品质。一般而言，链子由金属环组成，而这些环由金属丝焊接制成。这些环串在一起，形成一系列相互连接的链环。通常两个或两个以上的单环连接在一起形成单链，再用连接件把两条或两条以上的单链串在一起，形成漂亮的长链条，这些链条被用于项链和手链之中。

今天，人们使用拔丝机来制作黄金丝，也就是将一根较粗的黄金棒放入拔丝机中，当黄金棒依次穿过拔丝板中不同直径的孔洞时，黄金棒的直径会变细，其长度就会不断增加。这种金属丝加工技术在罗马帝国灭亡之后逐渐广为人知，而在罗马帝国的鼎盛时期，金属线材的生产仍然是通过锻造来获得的，而锻造技术自青铜时代以来就一直在发展。线材锻造成形技术无疑是制造链条最为古老的方法，在这种工艺中，金属丝是通过反复锤打或扭曲来制作的。然而，这种技术只能生产较短的金属丝，因此人们巧妙地设计了弯曲金属和圆环成型的方法，并将每个圆环焊接之后串联起来，形成长链。

1750年，法国开始使用机器生产链子，当时雅克·德·沃坎森制作了一条由U形连接件组成的钩链。1782年，他发明了用于制造这种链子的第一台机器，而用于生产其他类型链条的机器于1813年在英国被发明，链条的产量也由此得以大幅提升。缆索链在德国得到发展，而锚链、现代绳索链、小麦链和球链则是在英国诞生。从1870年起，欧洲对于链条的机械生产技术似乎秘而不宣，然而，美国的链条机械生产技术发展十分迅猛，这多少有些出人意料，而美国生产的链条也在1893年的芝加哥世界博览会上得以首次展出。链条生产技术发展至今，人们已经可以用机器制造出过去7000年中见过的几乎所有类型的链条。

罗洛链

罗洛链或贝尔彻链，是由对称的互锁链节组成的均匀、精密的链条。这种链条非常结实，尤其适合悬挂吊坠。

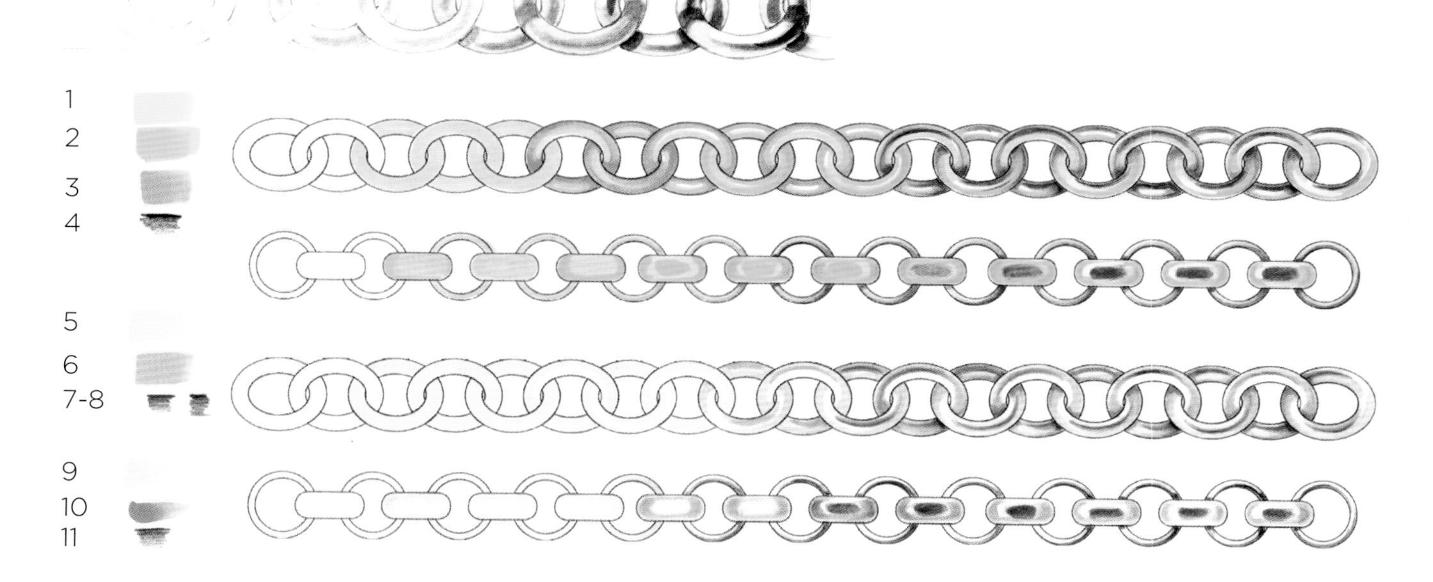

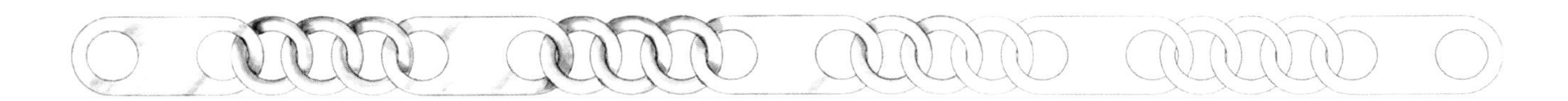

锚链

锚链通常由黄金制成，多用于男性项链或钥匙链，其名字来源于泊船的链条。锚链由形状和尺寸相同的椭圆链环组成，这些椭圆形链环水平、垂直交叉排列，组合形成链条。

格鲁美特链

“格鲁美特”在法语中的意思是“缰绳”或“刹车”，这种链子原本是用来连接马嚼子的，位于马的下颌，用来操控马奔跑的速度。格鲁美特链通常由圆形、椭圆形和扁平的互锁链节组成，有多种款式，比如：两种不同色彩的链环搭配使用的款式、双倍使用互锁链节或者穿插使用互锁链节的款式。

其他类型的格鲁美特链

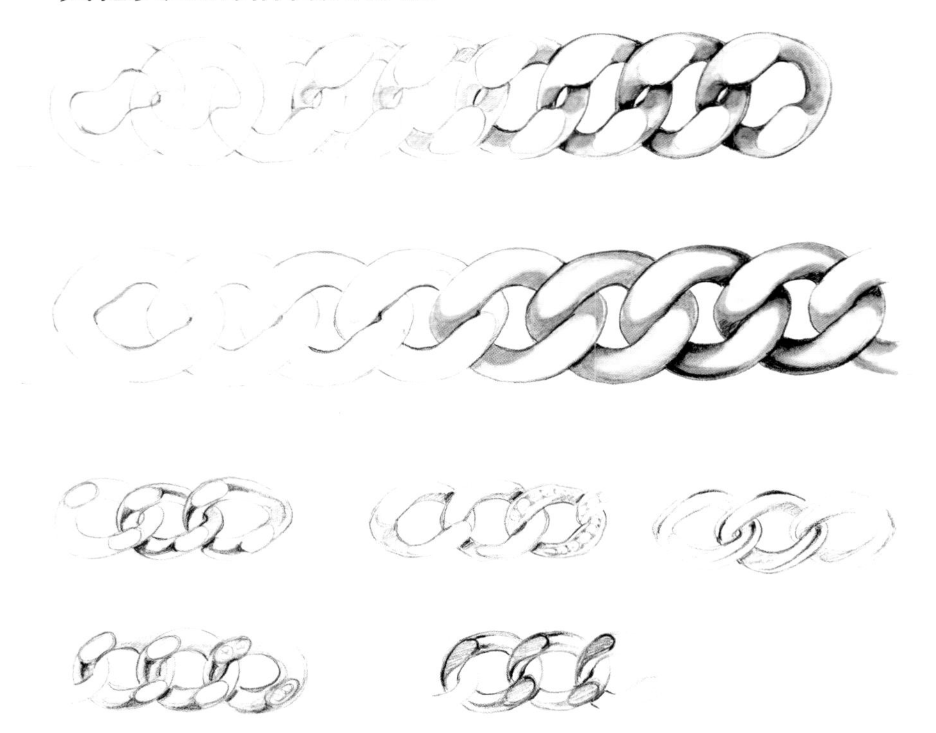

对页
1 Promarker Pastel 彩笔黄色
2 Promarker彩笔金色
3 Copic 彩笔Y28号
4 Prismalo彩笔aq 049号
5 Promarker彩笔绸缎色
6 Promarker彩笔棕褐色
7 Stabilo彩笔aq 655号
8 Prismalo彩笔aq 049号
9 Pantone Tria彩笔5445-T号
10 Copic彩笔BV23号
11 Stabilo Original彩笔750号

威尼斯链

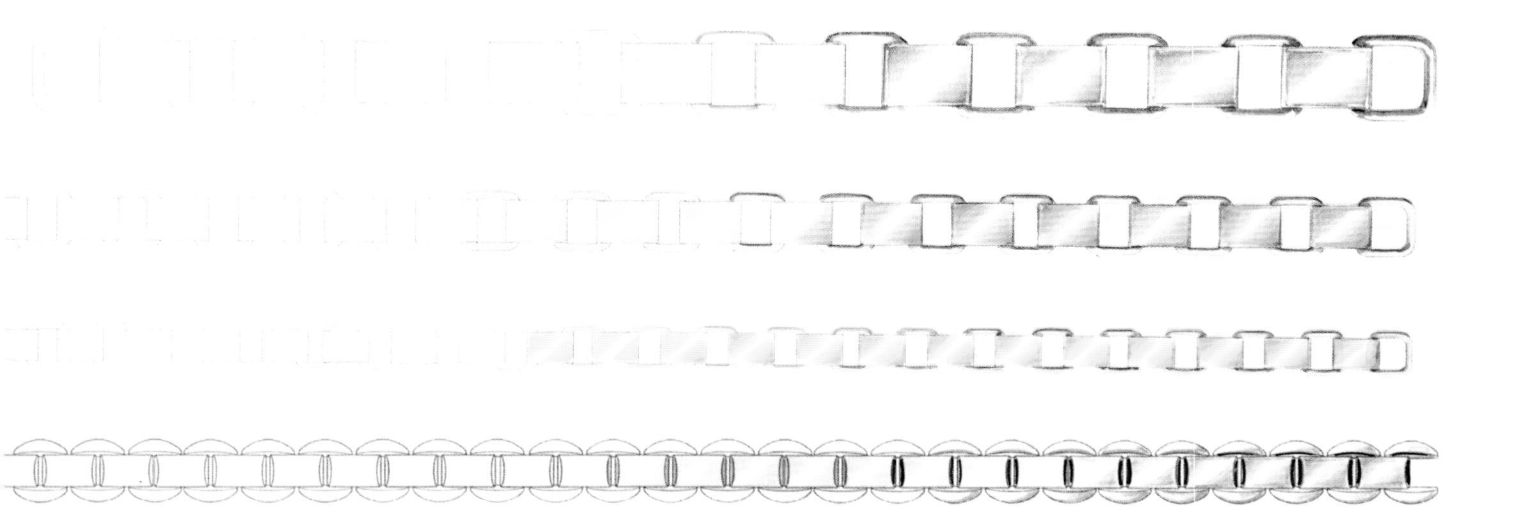

威尼斯链由方形链环组成。也被称为马宁链。由于具有耐用性和通用性而备受欢迎。威尼斯链的使用最早可以追溯到6世纪，其造型简洁的秘诀在于它们通常由22k金小圆环与半圆形空管连接组成。链条很轻，1克黄金就可以生产12到15厘米长的链条。

马宁链的制作对精度要求极高，通常是由制作技艺精湛的威尼斯手工艺人制作完成，其制作工艺至今仍鲜为人知。

有史料表明，威尼斯人从君士坦丁堡的工匠那里学到了马宁链的制造工艺。在君士坦丁堡，这种链条被称为“enter-cosei”。这种链条在威尼斯的中产阶级和工人阶级中相当流行。此外，马宁链是可以继承的遗产，母亲将链条等分，分给女儿们，女儿们又传给自己的女儿，一代传一代。也正由于此，现在很难找到足够长度的马宁链了。

狐尾链

狐尾链由两排45度角倾斜的椭圆形链环组成，并由一系列朝向链条中心的扁环连接。

韩国链

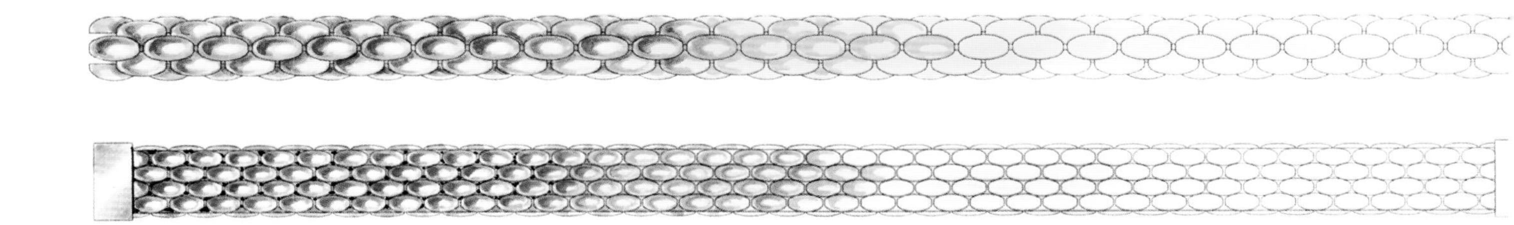

韩国链种类繁多，有很多不同的款式。其中圆形链的款式是由爆米花形状的链节组成的，有多种规格和设计，并具有可活动的链节。相比圆形链，扁链更加紧凑，这是因为它是由扁平的互锁链节组成的。

韩国链也可以是空心的，因此又被称为“网”链。这些空心的链子有各种规格、尺寸、形状和设计，链节可以是圆形、半圆形、扁平、方形、凹形和椭圆形。

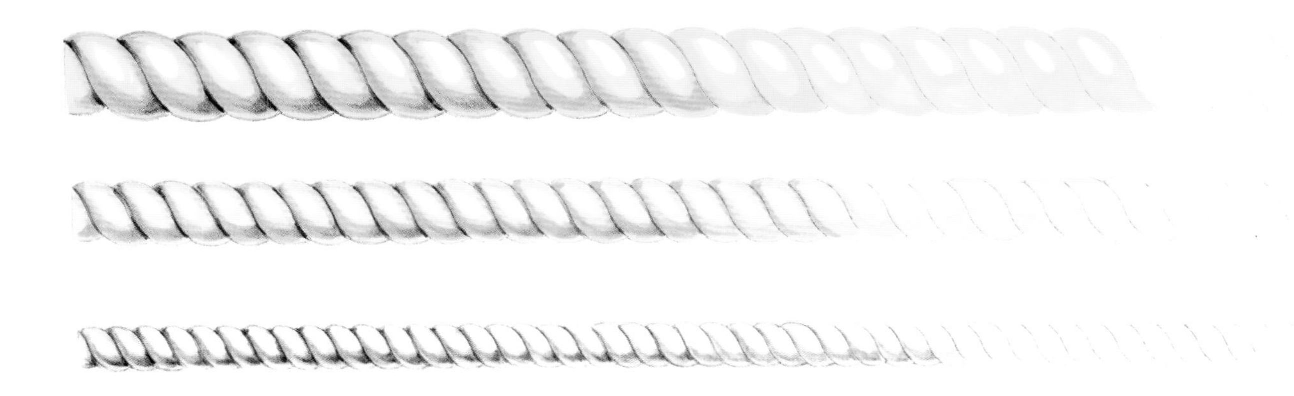

绳索链

顾名思义，绳索链是由两条或多条金属丝缠绕凝结而成，其款式比较新颖，但缺点是，当它们缠绕不够紧密时，链条容易松动。

珠链

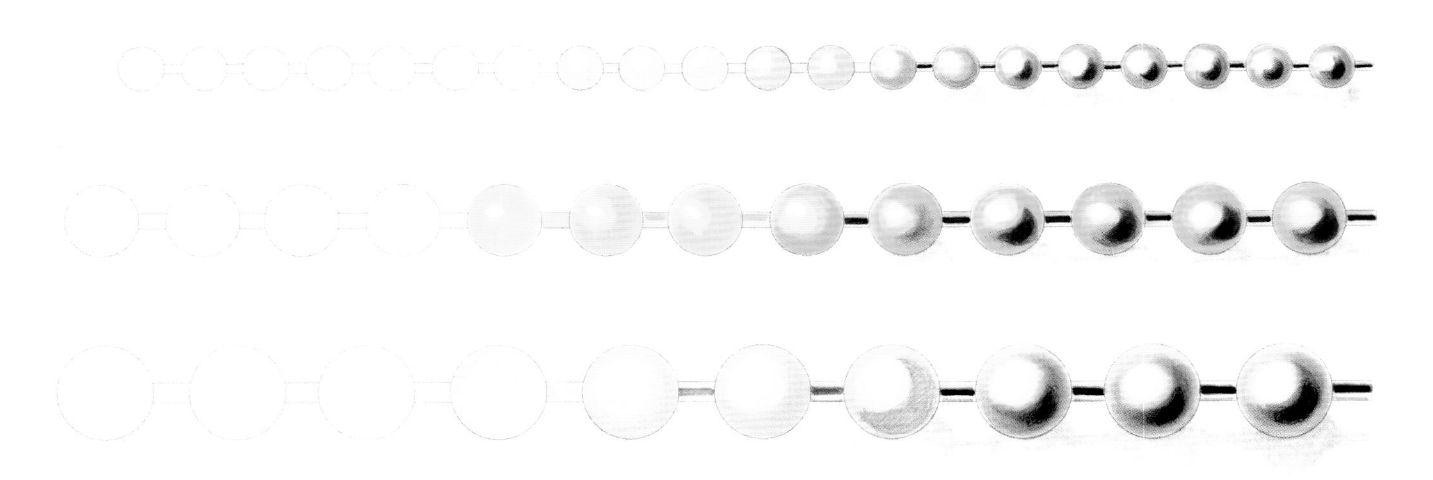

珠链或球链是由固定在链子上的珠子组成的，珠子之间的空隙不等。

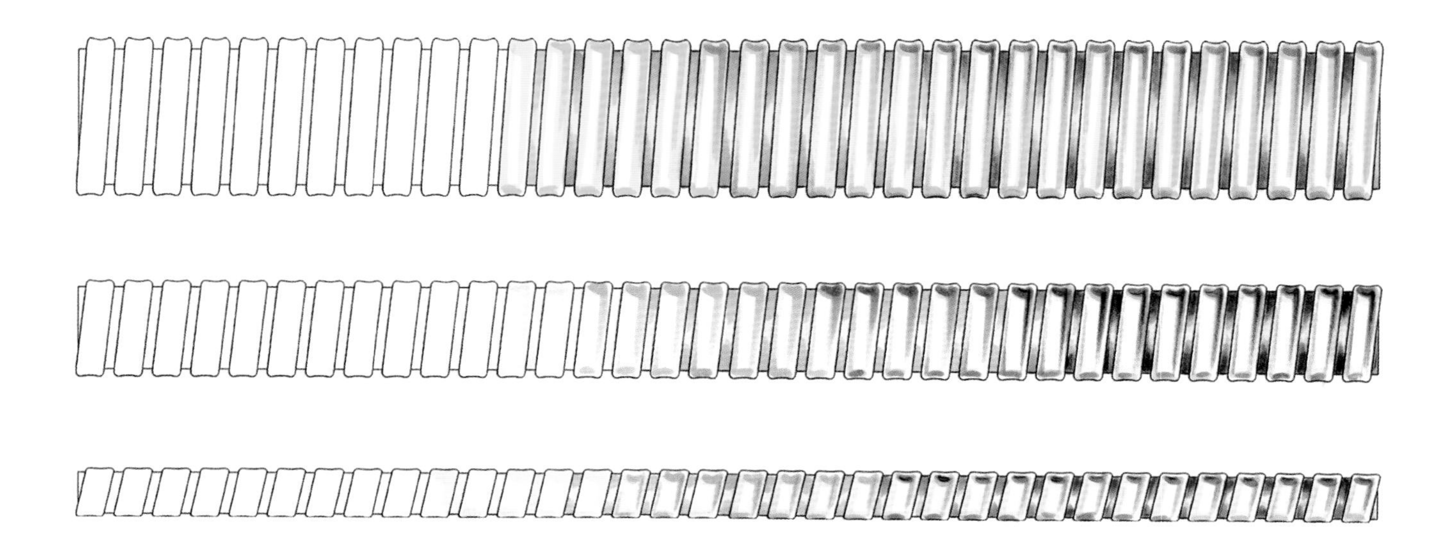

软管链

这种手链的出现最早可以追溯到罗马时期。金属丝互相缠绕形成了蛇形的链条，在技术上，它区别于我们今天所说的软管链。这类开放式的柔性链条可以戴在手臂的任何部位，由于其活动状态与蛇类似，因此也被称为蛇链。

直到1900年，工程制造领域开始把橡胶水管或气管与可活动的不锈钢管搭配使用时，这种链子才被称为软管链。

由于链条中的黄金和钢都是分段连接的，这使得链子更加具有柔韧性，也就能够更好地适应颈部和手腕的形状相。

异形链

充分发挥你的想象力，让你的每一个想法、脑子里的每一种造型都转变为一条富有创意的链子。

这里举个例子，我们可以把一个椭圆形作为基础，任意改变它的形状，从而创造出不同造型的链环。

从D形链环开始，我们可以得到一个半圆形链条。

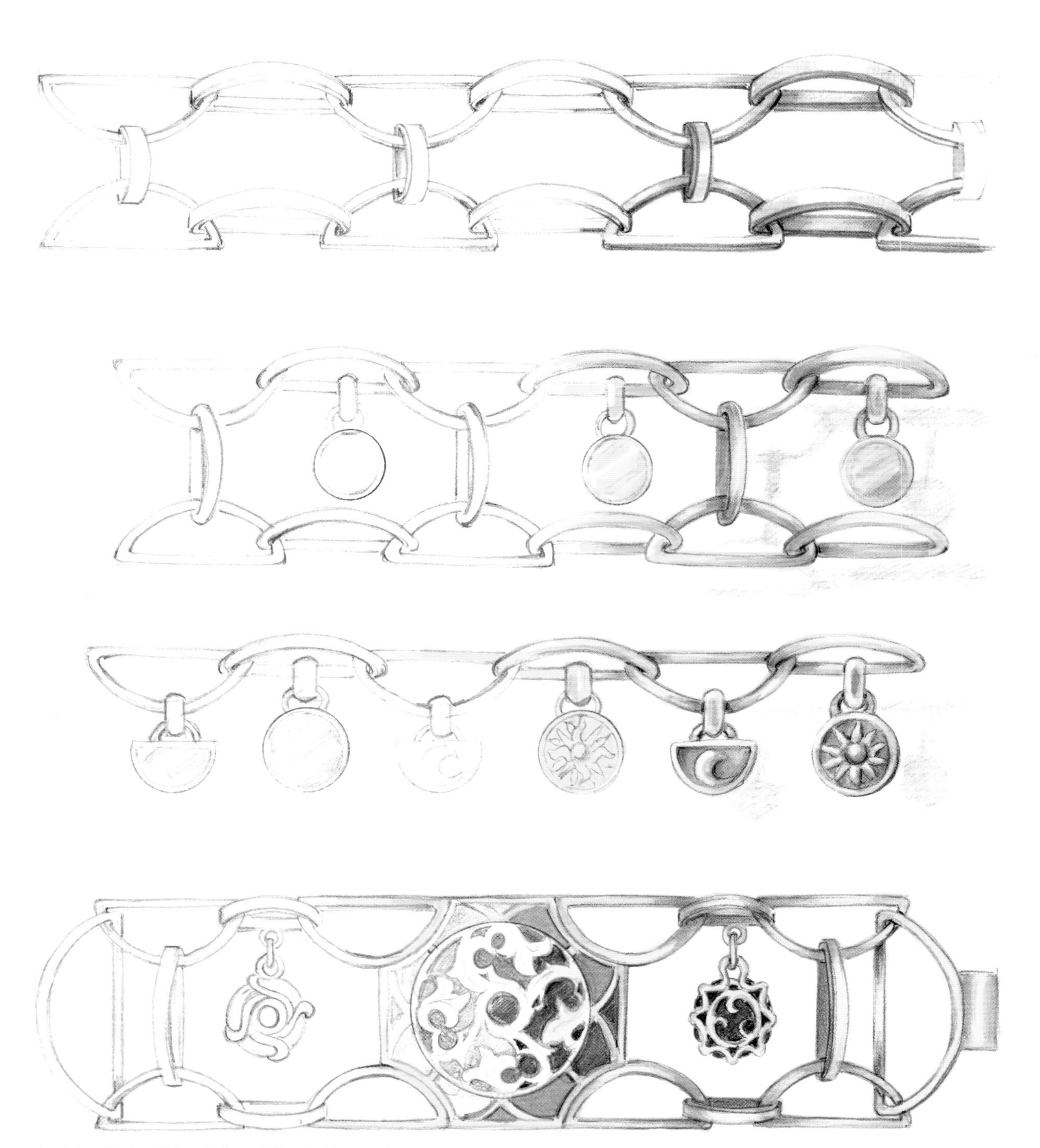

由刚才研究过D形链环制作而成的手镯的展开平面图。

手镯的前视图

一旦我们有了自己中意的形状，比如说这个例子中的D形链环，就可以通过不同的组合方式，把链环连接在一起。由此，我们可以自如地制造出不同造型的链条。

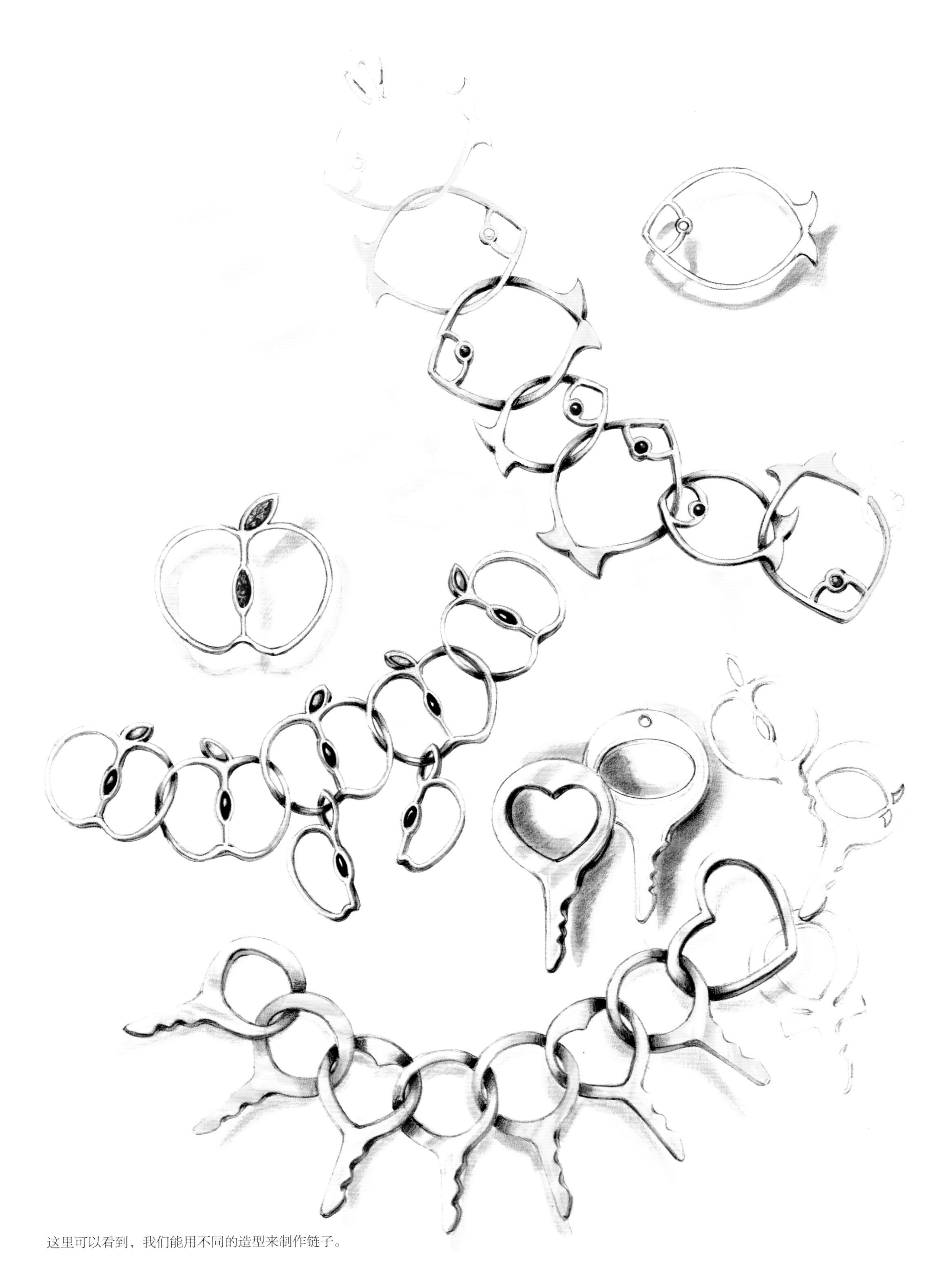

这里可以看到，我们能用不同的造型来制作链子。

护身符坠饰

链条可搭配装饰性的护身符吊坠来佩戴，可以单条佩戴，也可以多条一起佩戴。吊坠可以是旅游纪念品、刻有日期和爱意文字的圆片、新奇的小物件或体育纪念品，也可以是镶嵌着的宝石。护身符手链的收藏在20世纪40年代和50年代非常流行。

综合材料

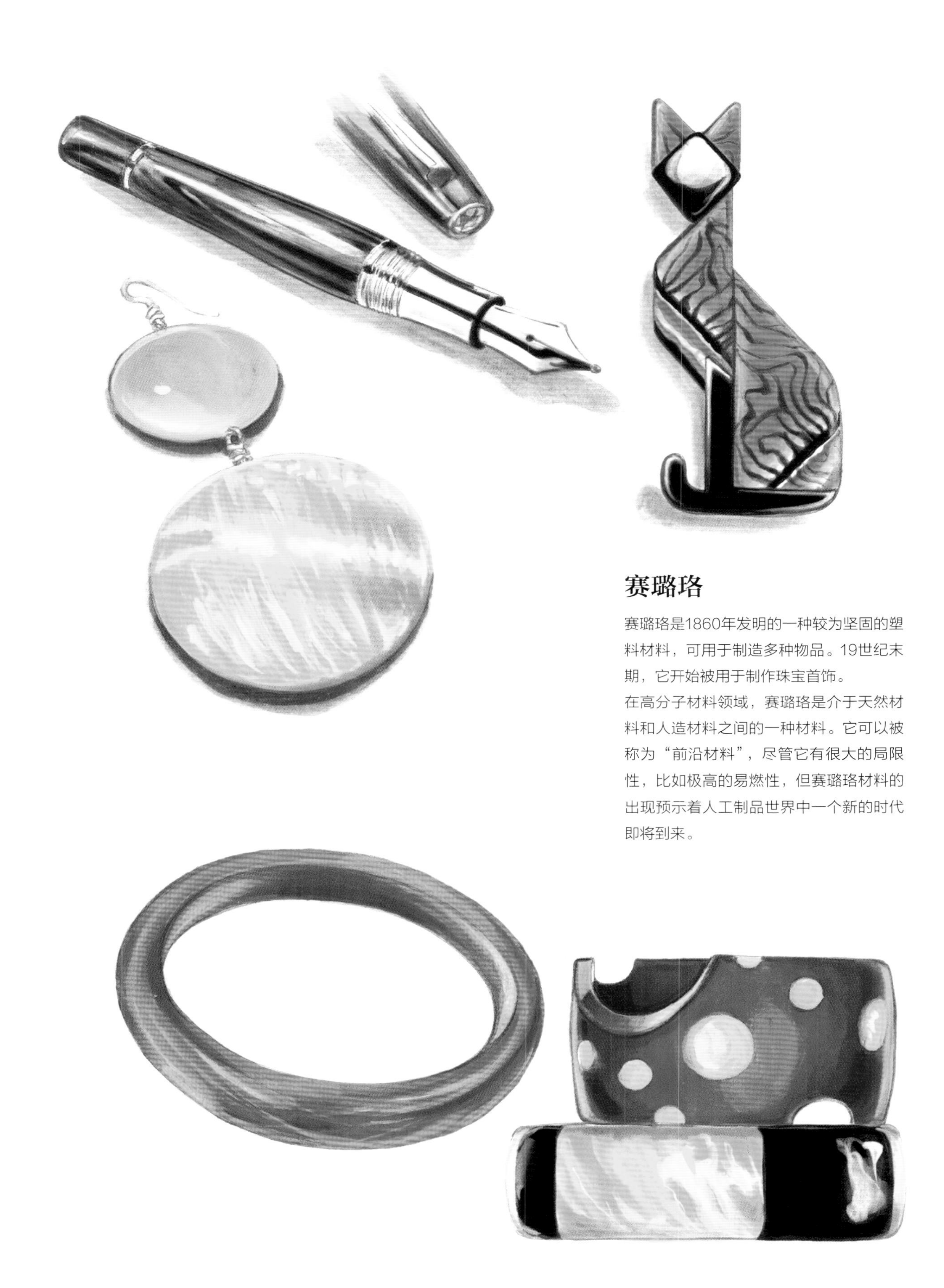

赛璐珞

赛璐珞是1860年发明的一种较为坚固的塑料材料，可用于制造多种物品。19世纪末期，它开始被用于制作珠宝首饰。

在高分子材料领域，赛璐珞是介于天然材料和人造材料之间的一种材料。它可以被称为“前沿材料”，尽管它有很大的局限性，比如极高的易燃性，但赛璐珞材料的出现预示着人工制品世界中一个新的时代即将到来。

酚醛树脂

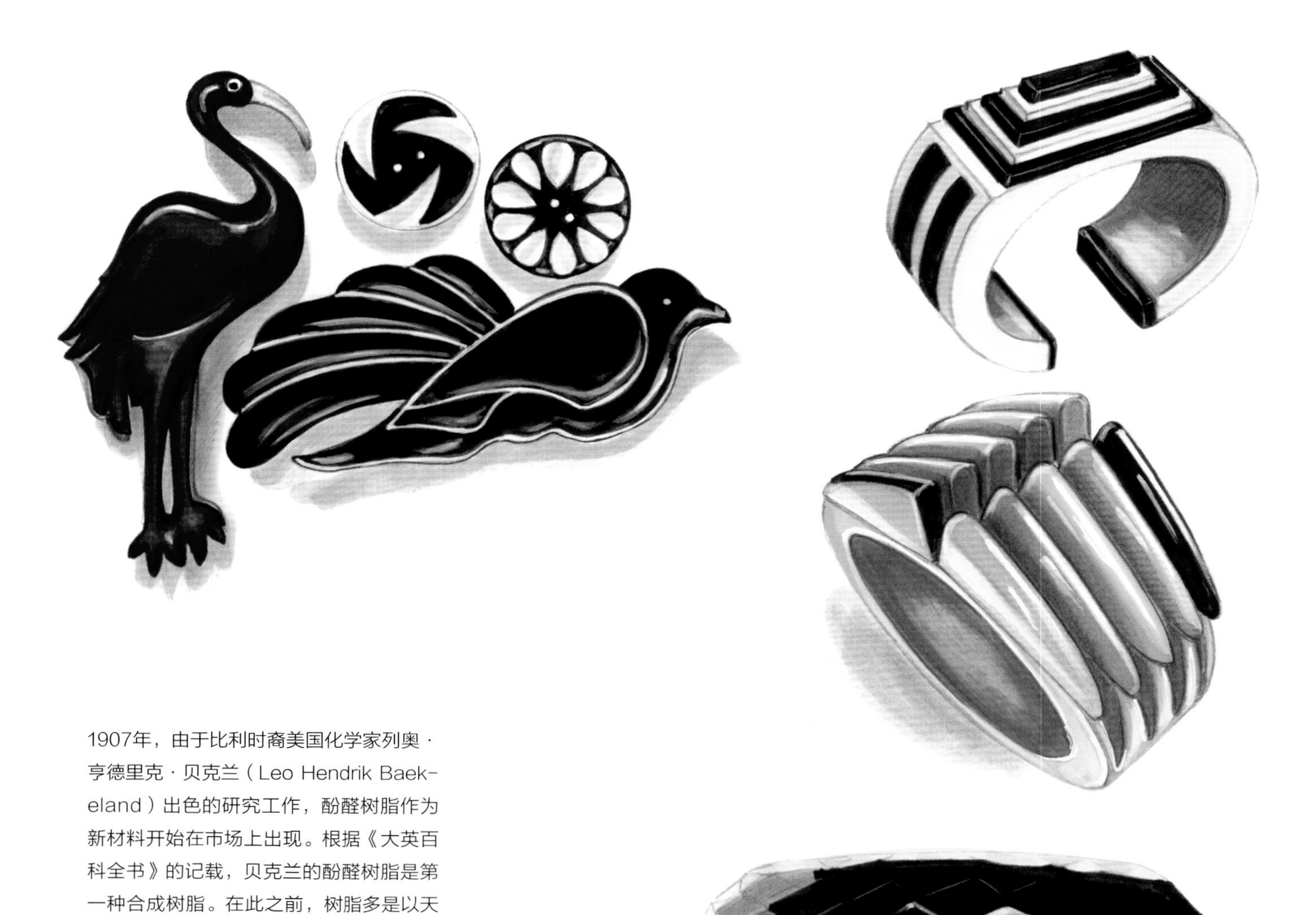

1907年，由于比利时裔美国化学家列奥·亨德里克·贝克兰（Leo Hendrik Baekeland）出色的研究工作，酚醛树脂作为新材料开始在市场上出现。根据《大英百科全书》的记载，贝克兰的酚醛树脂是第一种合成树脂。在此之前，树脂多是以天然材料为基础的。而酚醛树脂是以苯酚（煤焦油）和甲醛（甲醇）为原料合成的。
这种材料的优势在于色彩的多样性和材料本身的坚固性。
酚醛树脂可用于仿制多种材料，比如大理石、象牙、玳瑁等，也可以仿制多种贵重宝石。

1 Pantone Tria彩笔系列563-T号以及用于描画暗部的绿色粉彩
2 Touch彩笔系列BG9 笔（蓝灰色）以及用于描画暗部的黑色粉彩

穆拉诺玻璃

灯工

灯工是一种早在文艺复兴时期的威尼斯就开始使用的玻璃制作工艺，18世纪这种工艺得到了进一步的发展。它是一种把不同粗细的玻璃棒材或不同壁厚的玻璃管材加工成半成品的玻璃制作工艺。

首先，点燃氧气（或空气）与甲烷的混合气体，形成平直的焰矩，加热玻璃棒，使之变软。然后，在各种小工具的帮助下对软化的玻璃棒进行塑形，比如，把玻璃棒做出人物或动物的造型。

玻璃珠子的制作是通过将烧融的玻璃包裹在铜丝或者带有耐火材料的铁丝上来完成的。通过吹制和塑形，可以制作出玻璃小雕塑、人物造型以及吊坠、戒指等首饰作品。

由于玻璃材料的熔点较低，使得甲烷与空气的混合气体，燃烧之后产生的焰矩的温度，能够允许人们从容不迫地对玻璃材料进行精细的装饰加工。威尼斯玻璃珠就是这方面比较典型的例子。

千花玻璃

千花玻璃是一种运用独特的加工方法制作而成的玻璃棒：把默勒石石料和玻璃料在滚料板（钢质台面）上混合，然后经过反复地吹制、加热和手工塑形，最后将这种混合材料拉伸成玻璃棒。

这种古老的玻璃制作技艺最早出现在4000年前，但目前只有穆拉诺岛上的一些玻璃工艺大师仍在使用这种工艺。它是制作纯正威尼斯千花玻璃棒唯一的工艺方法，需要非常高的制作工艺水平，而这种高超技艺的传承方式是家族之间的世代相传。如今，这种完全原创和独特的玻璃加工技艺仍然保留着几乎和过去一样的工艺技法和生产流程。

乌木

乌木是一种珍贵的木材，甚至价比黄金。乌木的质地十分坚硬，不易变形。乌木无法人工培植，只能经由古树长时间的碳化而获得。

除了这些特点，从美学的角度来看，乌木以其自然浓郁的黑色和古雅的质感而备受人们赞赏，因此，人们常常用它来制作自然形态的珠宝设计。

象牙

象牙，更确切地说，象牙质，是从非洲的雄象和雌象，以及印度公象的长牙中获取而来。这种长牙在动物的一生中都会不断生长。

目前，为了保护动物（如大象、河马、野猪、疣猪等）免于被非法猎杀，国际上对象牙的交易是有严格限制的。也正是出于这个原因，只有象牙的化石能被用于艺术品雕刻，比如在冰层里保存了数十万年的猛犸象牙。象牙是一种对湿度较为敏感的有机物质，其物质属性会随着极端的温度变化而改变。

钢材

钢材是一种主要由铁和碳组成的合金，其中，碳的含量低于2.06%；碳的含量一旦超过这个百分比，钢材的性能就会发生改变，由此而产生的合金就是铸铁。近年来，钢材被广泛地应用于珠宝首饰的制作。

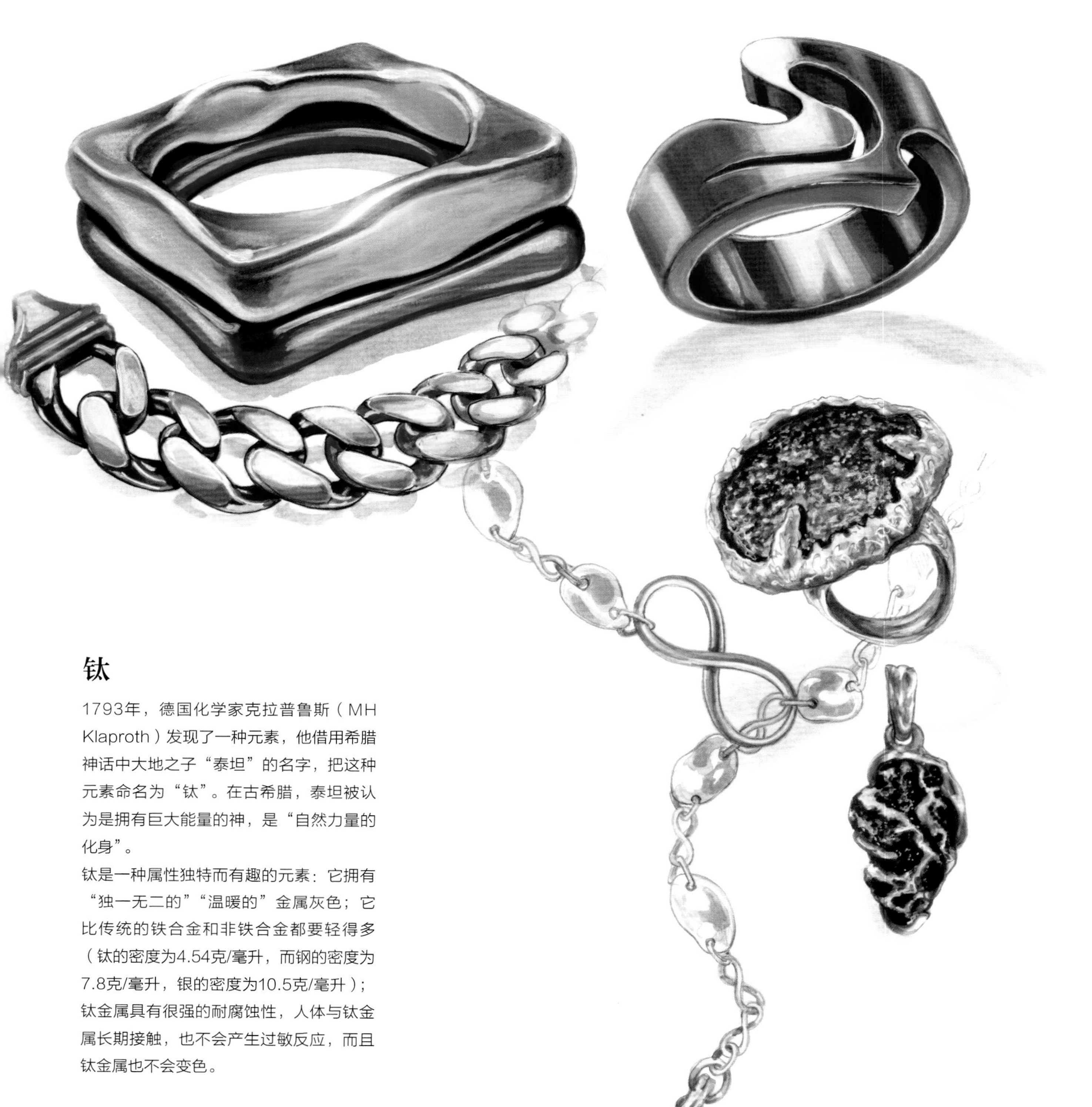

钛

1793年，德国化学家克拉普鲁斯（MH Klaproth）发现了一种元素，他借用希腊神话中大地之子“泰坦”的名字，把这种元素命名为“钛”。在古希腊，泰坦被认为是拥有巨大能量的神，是“自然力量的化身”。

钛是一种属性独特而有趣的元素：它拥有“独一无二的”“温暖的”金属灰色；它比传统的铁合金和非铁合金都要轻得多（钛的密度为4.54克/毫升，而钢的密度为7.8克/毫升，银的密度为10.5克/毫升）；钛金属具有很强的耐腐蚀性，人体与钛金属长期接触，也不会产生过敏反应，而且钛金属也不会变色。

陨石

陨石是太阳系中以陨星或流星残体的形式落到地球表面的固体物质。这些固体物质以每秒15到70公里的速度穿过大气层，燃烧形成火球。

陨石大多数是由于小行星的相互碰撞而形成的。其中一部分来自月球，一部分来自彗星，其余部分则来自火星。

那些成功穿过大气层，并在撞击地球表面之后得以寻获的陨石，被称为“坠落陨石”，而那些偶然被人们寻获的陨石，叫作“发现陨石”。人们通常按照发现陨石的地点来命名陨石，比如用附近的城镇名或相关地理环境要素的名称来命名。因此，“陨石”一词可以是一块石头的名称，也可以是一个特定地点的名称。

陨石含有地球上最稀有的元素，这种元素比黄金还要稀有，此外，这些元素还能够提供给我们地球形成初期的许多信息。由于陨石极其稀有，并且，对研究地球生命的起源具有重大意义，所以，陨石对科学家来说，有着与对收藏家来说同样重大的价值。

陨石主要分为三种类型：石质陨石、铁质陨石和石铁混合陨石。

青铜和黄铜

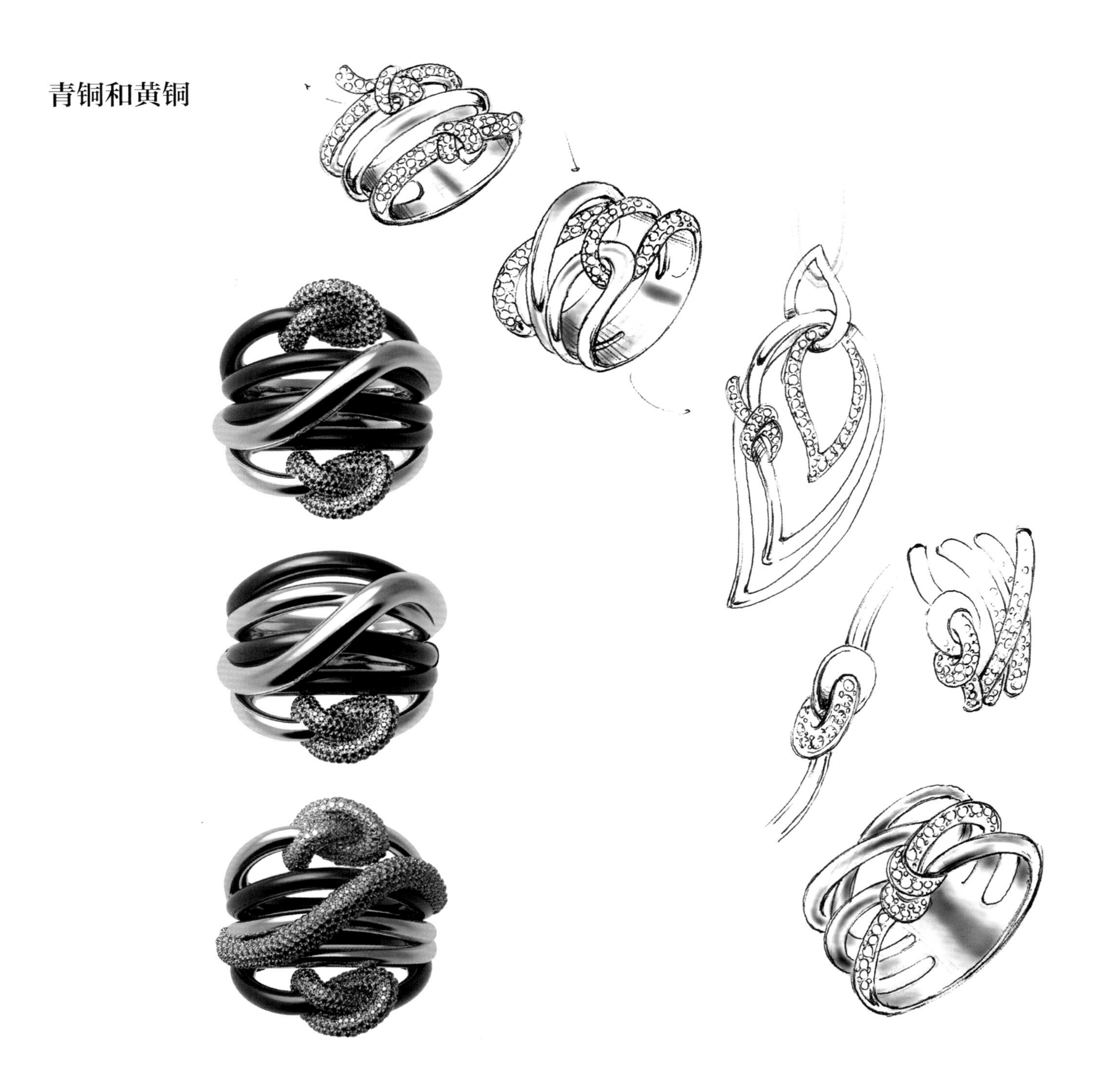

青铜和黄铜有什么区别？这个问题看起来并不难。青铜和黄铜都是纯铜含量很高的合金。纯铜是欧洲最常用的金属，仅次于铁。它具有很强的导电性、导热性和耐腐蚀性，这些也是铜合金的基本特点。大多数的纯铜都被运用到电力、通信和汽车行业。有很大比例的纯铜被用于制作合金以及各类合金制品。青铜是通过在纯铜中添加大量的锡制作而成的，锡的含量为18%到20%。锡含量超过18%的青铜的质地相对较硬，通常用于制作轴承。如果在纯铜和锡的合金中再添加铝、磷或铍等元素，则可获得更为特殊的青铜。

而黄铜则是一种由铜和锌等比例混合而成的合金。黄铜有两种类型：α 黄铜在冷加工时具有韧性和延展性，而β 黄铜只有在热加工时才具有韧性（冷加工时延展性较低）。

简而言之，黄铜是铜和锌的合金，青铜是铜和锡的合金。

黄铜的用途十分广泛。除了用于生产电气设备外，它还深受家具和珠宝首饰设计师的欢迎。在门窗以及装饰把手的制作中时常可见黄铜的身影，而在珠宝首饰的设计中，它成了贵金属材料的替代品。此外，黄铜还用于航海领域、化学工业和机械工程领域，以及小型零部件、硬币和珠宝首饰的制作生产。

二十世纪下半叶

佩吉·古根海姆（Peggy Guggenheim）（1898-1979）/ 奇幻的戒指、花卉和动物

佩吉·古根海姆很喜欢具有原创性的首饰。她常常会把自己的项链、戒指和胸针佩戴在古董珠宝人体模型以及她首任丈夫劳伦斯·威尔（Lawrance Weil）的雕塑上面。作为布雷东（Breton）和蒙德里安（Mondrian）的朋友，同时也身为马克斯·恩斯特(Max Ernst)的妻子，佩吉·古根海姆最喜欢考尔德（Calder）的首饰作品，她最重要的首饰藏品都是由考尔德设计制作的。在考尔德的指导下，她运用一种概念性的、以材料为设计基础的创作方法来进行首饰创作，她的作品往往采用了多种现成的材料来完成。她时常佩戴超大号的银饰品和铜饰品，以此表达她对自己所处时代的穿戴潮流的蔑视。因此，她的首饰是一种反传统的宣言，在一个几乎没有给女性多少活动空间的社会里，她为勇敢而成功的女性们提供了自由思考的空间。

首饰套件和半首饰套件

法语“parure”一词的意思是“装饰品”，来自动词“parer”，是“用……来装饰”的意思。它泛指具有相同设计风格的家具、服装或服饰的系列集合。在珠宝首饰设计的语境中，a parure指的是一个系列，比如具有相似形状和风格的项链、耳环、手镯和戒指的系列作品的组合。

想要完成一个系列的珠宝首饰的设计制作，其背后的创作过程常常始于资料的收集与选材。

首先，你必须通过收集资料并以此为基础形成调研报告：确定目标受众、分析销售情况、研判当前的潮流趋势（款式、颜色、宝石切割和精修工艺）、进行市场调研以及竞争对手产品的调研、提出预算和列出时间表。

接下来，你需要选择进一步展开设计时所需的原材料。

一旦完成了数据材料的收集，你就可以归纳设计概念并进一步完善你的设计情绪板，概念和情绪板这两者都会在你向客户展示采集到的数据时，起到参考和支撑的作用。

灵感图片的拼贴、搭配的宝石以及首饰制作材料等，所蕴含的信息都应该尽可能与本设计项目息息相关，这一点的重要性不言而喻。接下来，我们会分析首饰设计概念和设计情绪板的多个实际案例。

模型对于设计师来说至关重要，另外，它对原材料的采购和成本估算都非常有帮助。当设计小样完成后，设计师需要从技术层面和功能层面对每件样品进行评估和改进。改进后的小样通过评估之后，设计师制作出最终样品，并完成宝石搭配清单和配色方案的制作，最后在展销会上发布这些信息，以供买家参考。

收到关于产品尺寸、颜色和数量的详细订单之后，计算原材料消耗并列出清单，购买启动生产流程所需的物品。在最后一个阶段，为了避免将来在生产过程中出现问题而导致不能如期向客户交付商品，及时地更新技术和解决技术问题是非常重要的。

首饰系列产品是通过套件的方式来呈现的。首饰套件定义为一组首饰，包括：长项链、短项链、手链、手镯、戒指、耳环、胸针等。

首先要考虑的是主题和风格。以此为前提，才能去构建你的首饰系列产品，一个首饰系列通常由5组首饰构成，约为20到25件首饰（具体数量的多少取决于你服务的公司或品牌的生产预算与要求）。

我们建议你将首饰系列产品细分为多个组件，就像同时设计多个小系列一样，但千万不要忽略了多个组件作为一个系列产品的统一感。

为了便于首饰系列产品的开发管理，尤其是在产品的制作过程中，应该为系列产品中每一个组件的首饰做一次更新设计。更新频率约为两到三周的时间窗口期。

在设计首饰之前，你应该意识到，系列产品中的单件首饰可以替换。这一点相当重要，它是一条刺激未来消费的极佳途径。

完成技术制图的绘制之后，设计师们可以通过手绘效果图的方式来呈现首饰产品的样貌。这将使你更准确地了解首饰组件的色彩、表面纹理和设计特征，便于你进行单件产品之间的优化组合。有利于控制系列产品的整体视觉效果，从而使这个系列产品的设计风格趋于统一，并不断地把系列产品的设计向前推进。

同时，你需要为每一个单件首饰列出详细的技术数据清单，标注出产品模型和样品制作的所有相关信息。接下来的图例展示了首饰系列产品由不同数量的单件首饰构成组件，再构成套件的范例。

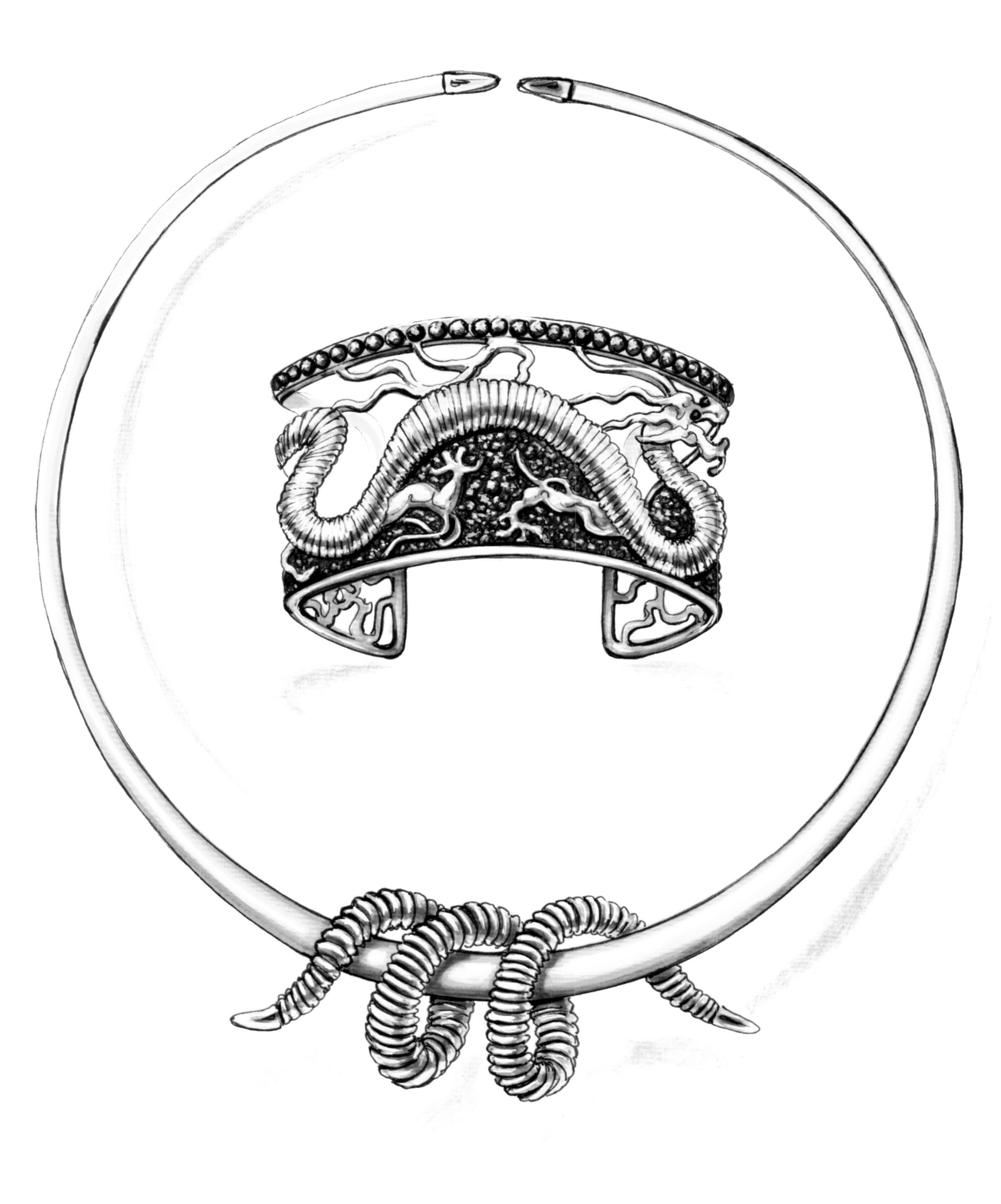

半套件首饰也可以归为系列首饰产品，通常是以成对的方式出现。比如具有相同设计风格的项链，搭配一对耳环或手链。

图中的半套件首饰，是以中国元素为设计主题，其设计参考元素选用了含有吉祥寓意的龙为设计符号。

产品的样式、格调和风格应该具有统一性，具有同一品牌产品的典型特征，这是每条首饰产品的生产线除了追求产品数量之外最重要的东西。这种产品风格的统一性可以通过不同的方式来创造，比如：无论首饰产品是由珍贵宝石、黄金还是白银材料制成，它们的结构都应该是相同的样式；都具有独特的造型方式和色彩；具有类似的美感；都使用有趣的名字；抑或都具有游戏特征和趣味性。

图中的半套件首饰，其设计风格以日本元素为主，设计元素的灵感来源于和服的纹样。

半套件首饰案例：花卉造型的项链和配套的耳环。

半套件首饰案例：以孔雀羽毛为设计灵感的开口式项圈和造型灵动的胸针。

半套件首饰案例：鱼形挂饰手链和戒指。

用计算机绘制的以三角形、球形和金字塔形为特征的首饰套件案例。

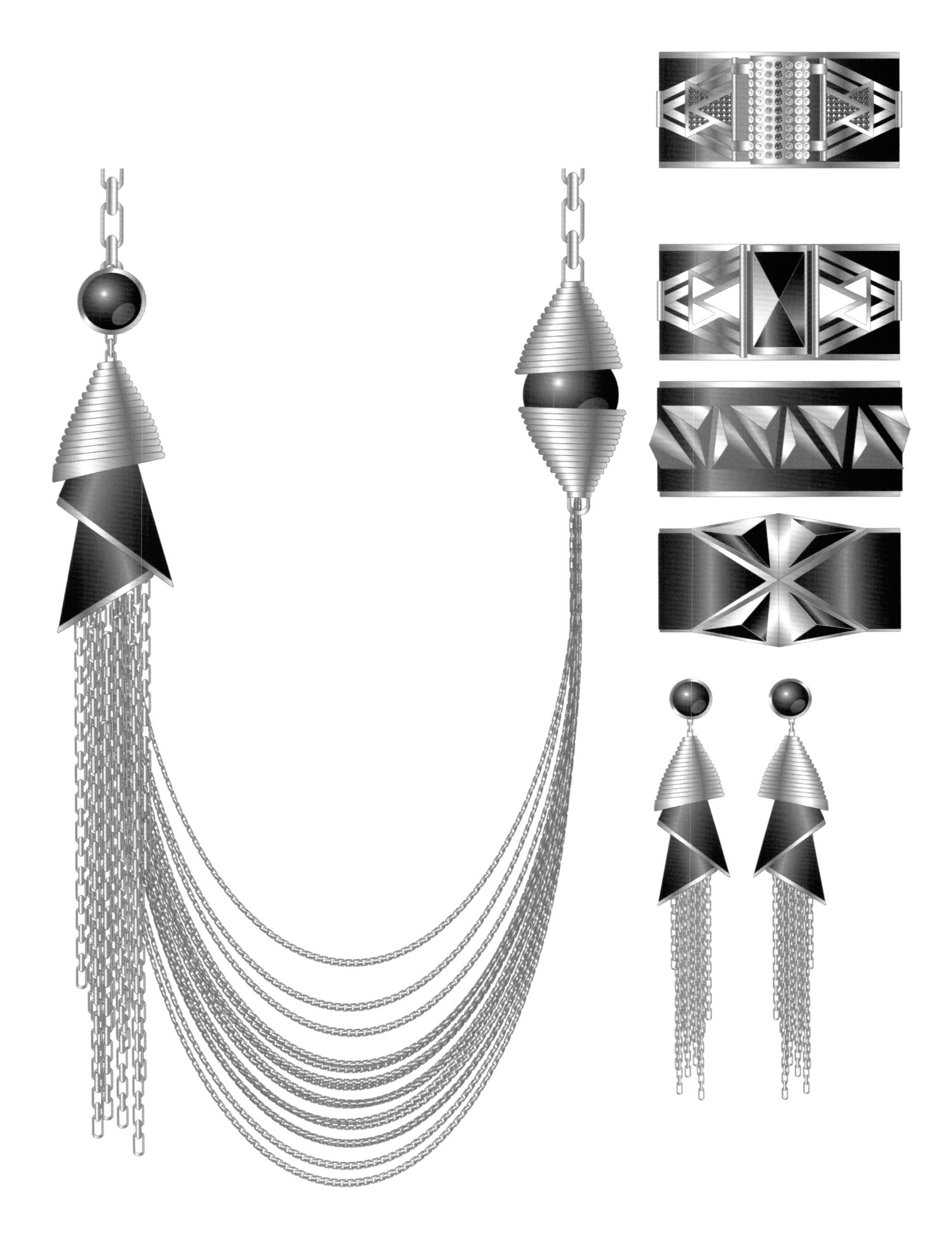

与上页首饰同属于一个系列的4个手镯的俯视图。

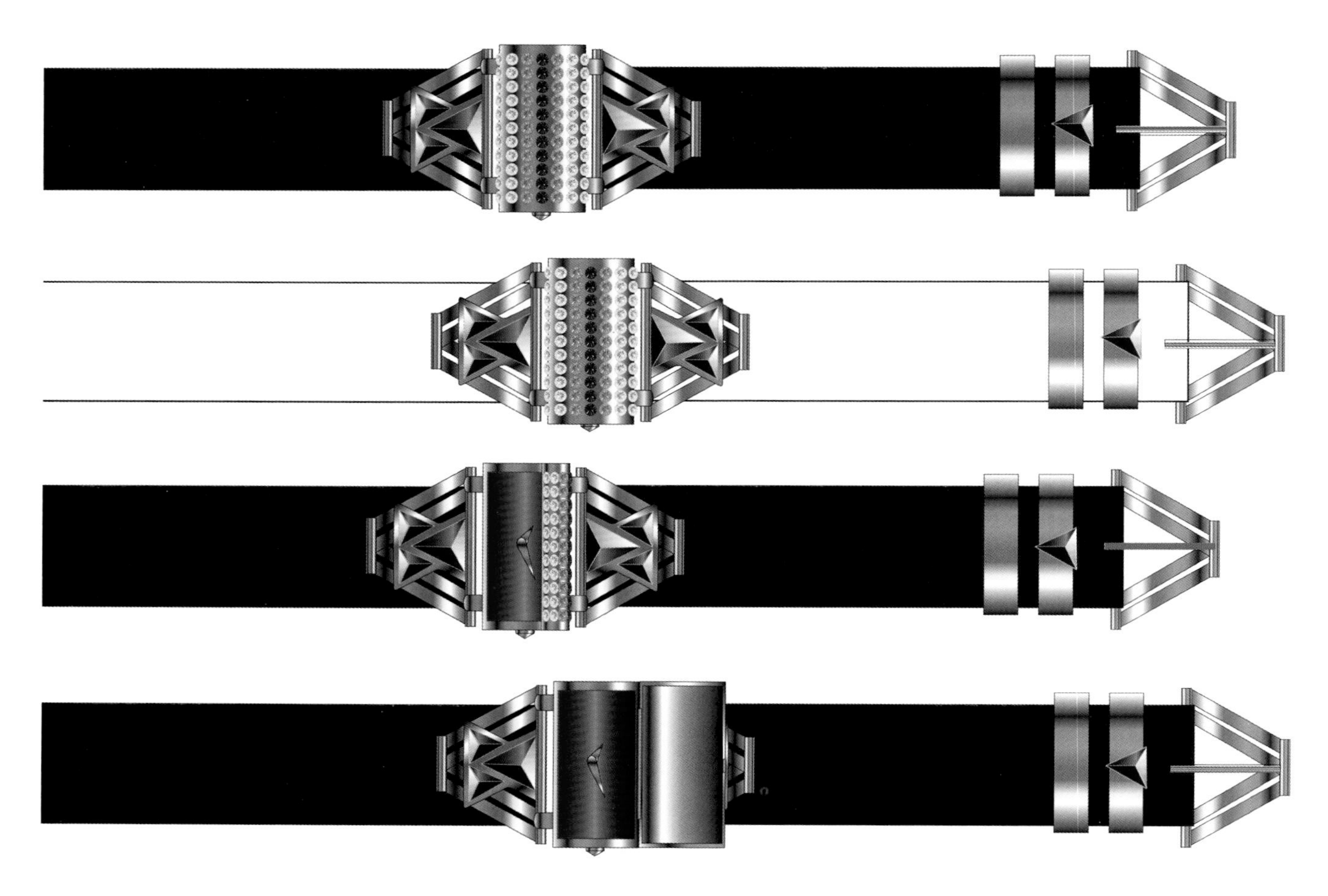

与前页首饰同属于一个系列的手表表盘的计算机渲染图。

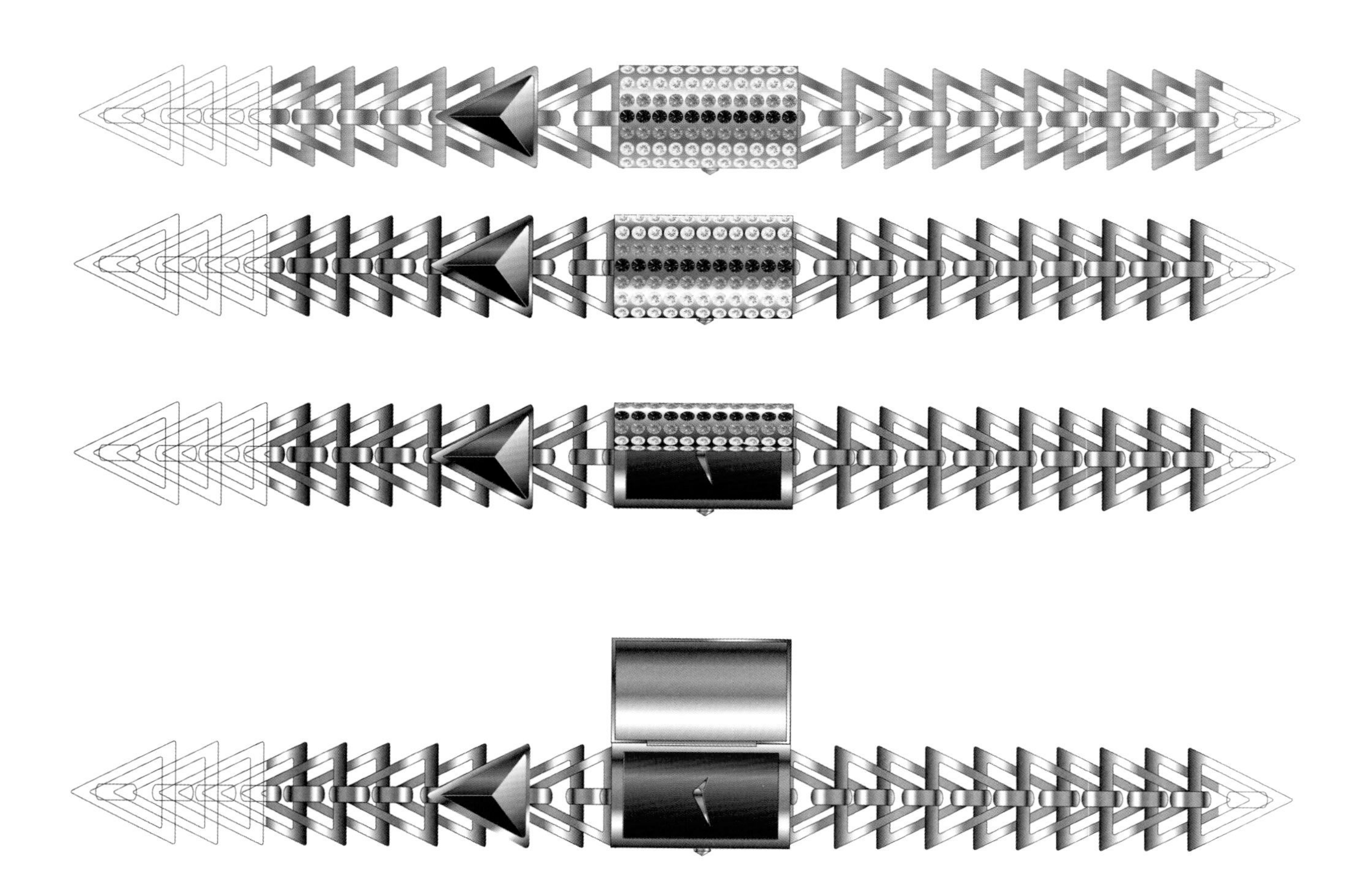

半套件首饰案例：宝石群镶封口式项圈和配套的手镯。

不同色系的半套件首饰案例－群镶穆拉诺玻璃珠首饰

色系案例1：
暖色调的红色

色系案例2：
暖色调的橙色

色系案例3：
暖色调的蓝色

不同色彩与材料的叶形首饰案例

不同色彩与组合方式的几何形首饰套件案例

四个不同色系的半宝石线纹装饰
镶嵌的半套件首饰案例

尺寸与人体工程学

人体工程学是一门应用科学，是着重研究人与环境之间相互关系的交叉学科。具体来说，在首饰制作中，人体工程学关注的对象是如何使首饰易于佩戴，技术方案和生产工艺是否符合购买者的身体佩戴要求。从这个意义上来说，人体工程学是一种优化设计师和佩戴者之间相互关系的方法和途径。

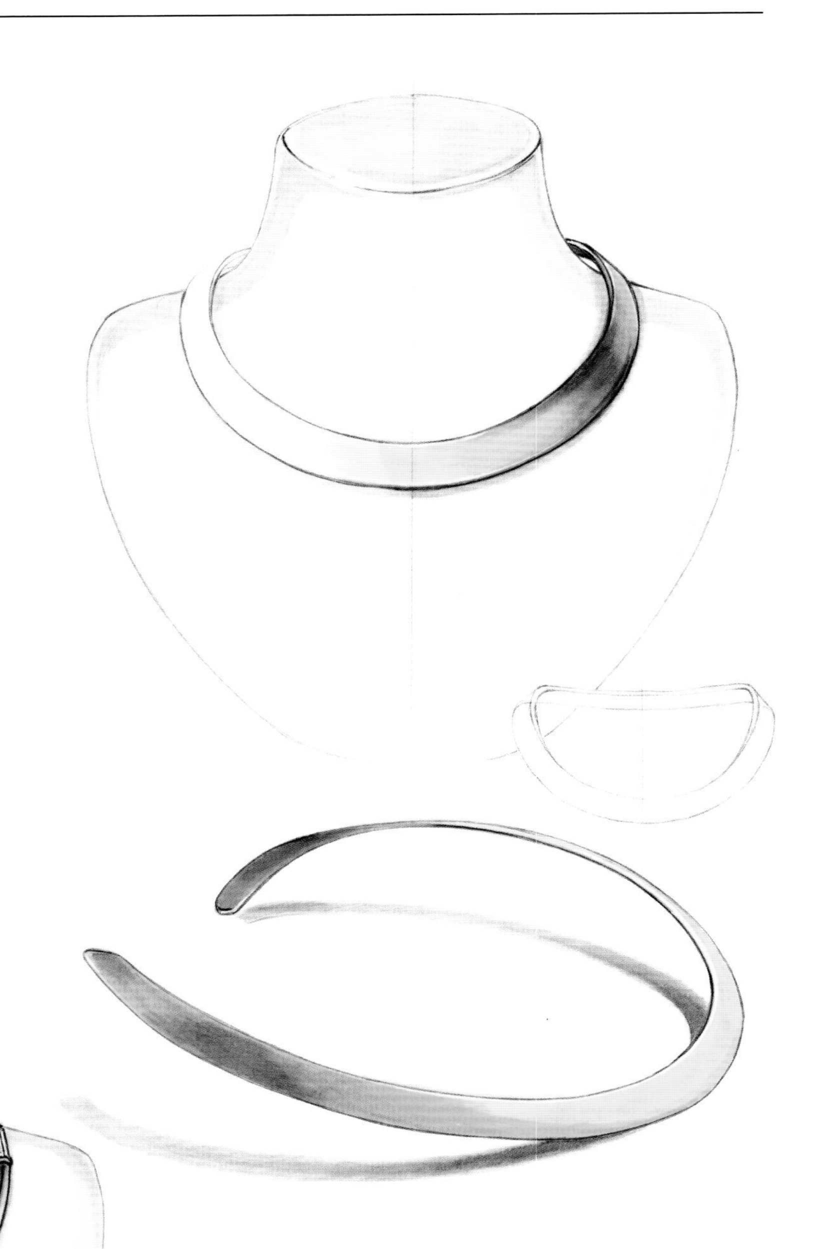

封口式项圈

绘制封口式项圈之前，先要绘制人体的颈部和肩部，并用两个椭圆标记项圈的底部。金属项圈应该紧贴颈部的轮廓而佩戴，因此，把项圈画成一个平直、可佩戴的圆环是不妥的。

封口式或开口式项圈可以由多个单元组成。把这些单元等分，然后以透视的方式把它们细致地绘制出来。一般来说，项链正前方的单元会以真实的面貌呈现在我们眼前，但随着项圈的单元向后弯曲，它们呈现出来的样貌则会发生改变。

颈部和耳朵的前视图

从耳朵的正前方来描画耳朵，头部的角度为四分之三侧面。将耳饰绘制于一个规则的几何形体内，这个几何形体我们称之为盒子，千万记住不要把耳洞也画出来。

颈部和耳朵的侧视图

头部角度呈正侧面时，耳饰就会与耳垂平行。而呈现四分之三的侧面视图，这个角度，在“盒子”左部，可以最大面积地呈现耳饰的面貌。

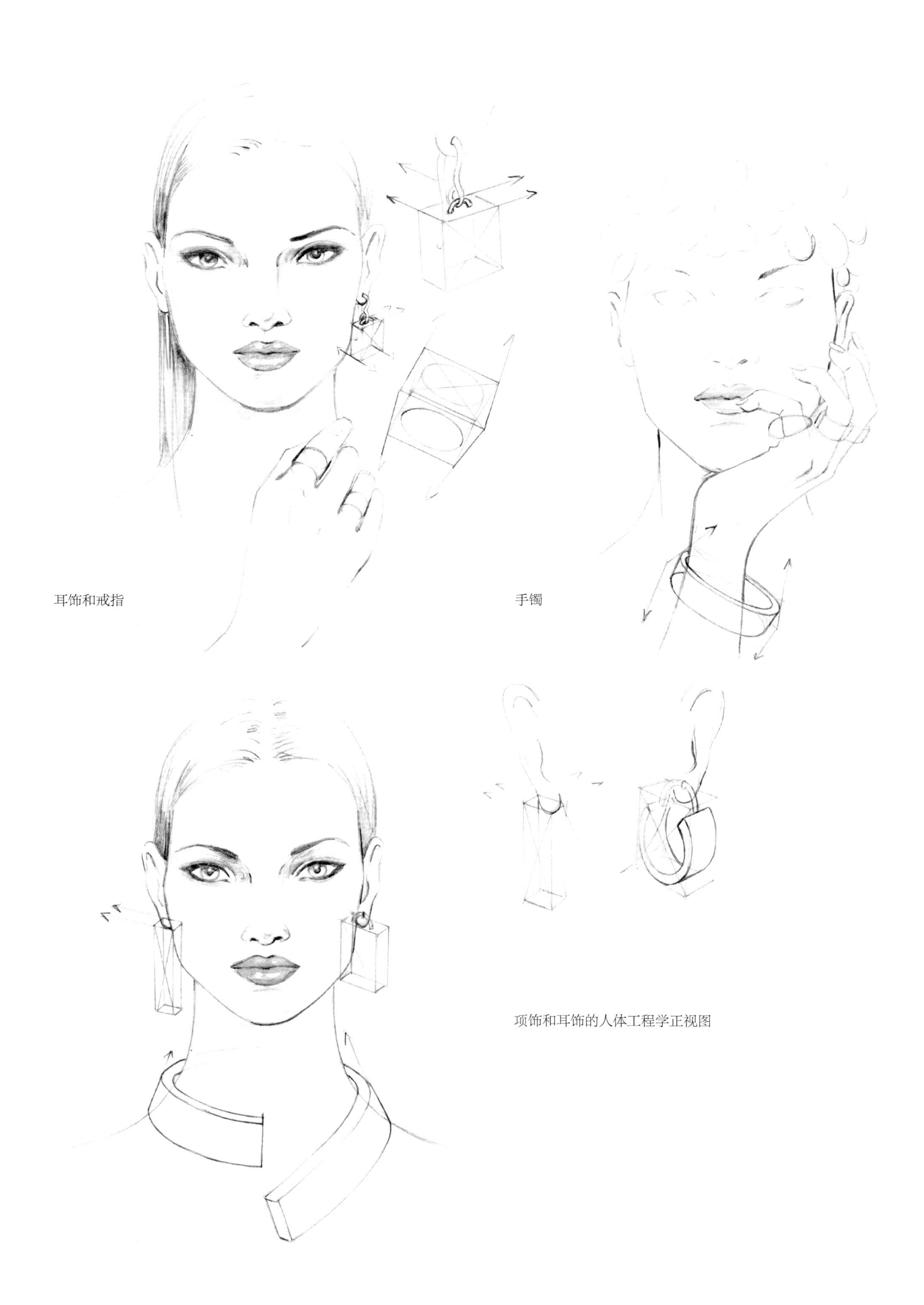

耳饰和戒指

手镯

项饰和耳饰的人体工程学正视图

颈部、耳朵和手的侧视图

如这幅三件套首饰的效果图所示，首饰的透视效果会根据人体在空间中的动移而产生变化。请记住先绘制一个盒子，从而方便我们正确地表现盒子里物体的透视变化。

项链的长度

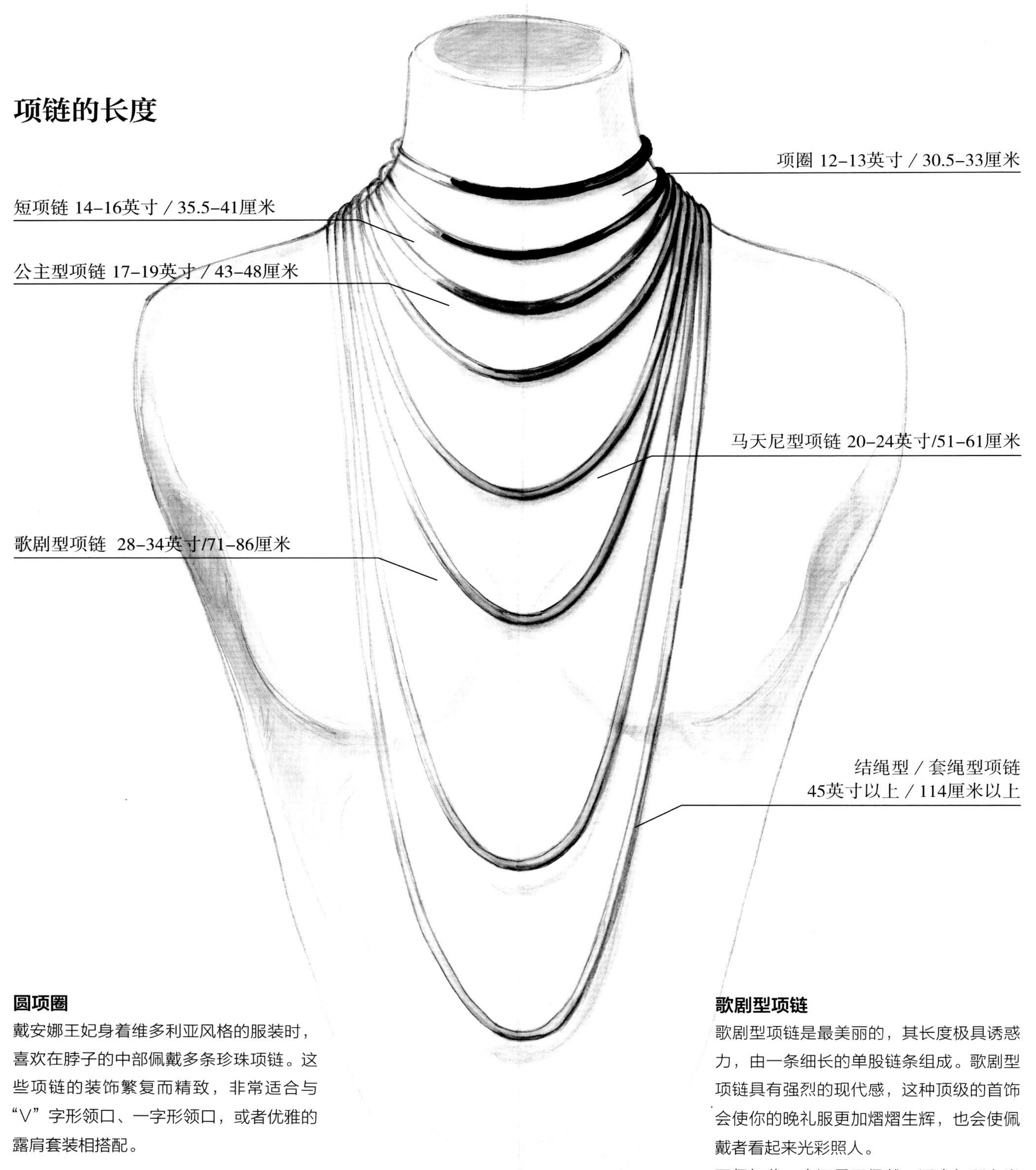

圆项圈

戴安娜王妃身着维多利亚风格的服装时，喜欢在脖子的中部佩戴多条珍珠项链。这些项链的装饰繁复而精致，非常适合与“V”字形领口、一字形领口，或者优雅的露肩套装相搭配。

短项链

短项链适合搭配所有类型的领口。它看起来与项圈相近，但显得更柔软一些。它适合穿晚礼服时佩戴，也适合搭配日常服装。

公主型项链

公主型项链具有经典的项链长度，它适合所有领口以及各类服装。它位于胸部的上方，刚好落于锁骨之上。非常适合在身穿套头衫、紧身衣或高领毛衣时佩戴，既适合白天的非正式场合，也适合夜晚正式的盛装活动。

马天尼型项链

也被称为苏托尔型（Sautoir）项链，是一种中等长度的项链。穿西装、长裙或多茜维塔（Dolce Vita）品牌的毛衣时佩戴，显得最为优雅，其足够的长度允许从头部套入佩戴。适宜正式或稍微轻松一点的场合。

歌剧型项链

歌剧型项链是最美丽的，其长度极具诱惑力，由一条细长的单股链条组成。歌剧型项链具有强烈的现代感，这种顶级的首饰会使你的晚礼服更加熠熠生辉，也会使佩戴者看起来光彩照人。

不仅如此，它还易于佩戴，适合与所有类型的休闲装或正装搭配。

结绳型项链

结绳型项链把我们带回了轻佻的20世纪30年代。这一长度的项链是可可·香奈尔的最爱，人们经常看到她佩戴着这种结绳型项链。这一长度的项链充分彰显奢华又极具诱惑力。

和歌剧型项链相似，结绳型项链也是由单股链条组成的，但根据实际佩戴风格的需要，可以将在脖子上绕两圈来佩戴。直接佩戴单股项链或将项链打一个结来佩戴，其装饰效果也是相当不错的。

下巴的轮廓线决定了所要设计的项链和耳环的风格。
在设计时，项链的风格应该和领口的样式互相协调，这样就不会造成审美上的失衡。

如何佩戴项链是一件完全主观的事情，它由佩戴者根据自己的身高和身材来决定。你可以将这两页的手绘图作为参考，来了解不同长度的项链在佩戴时的实际效果。

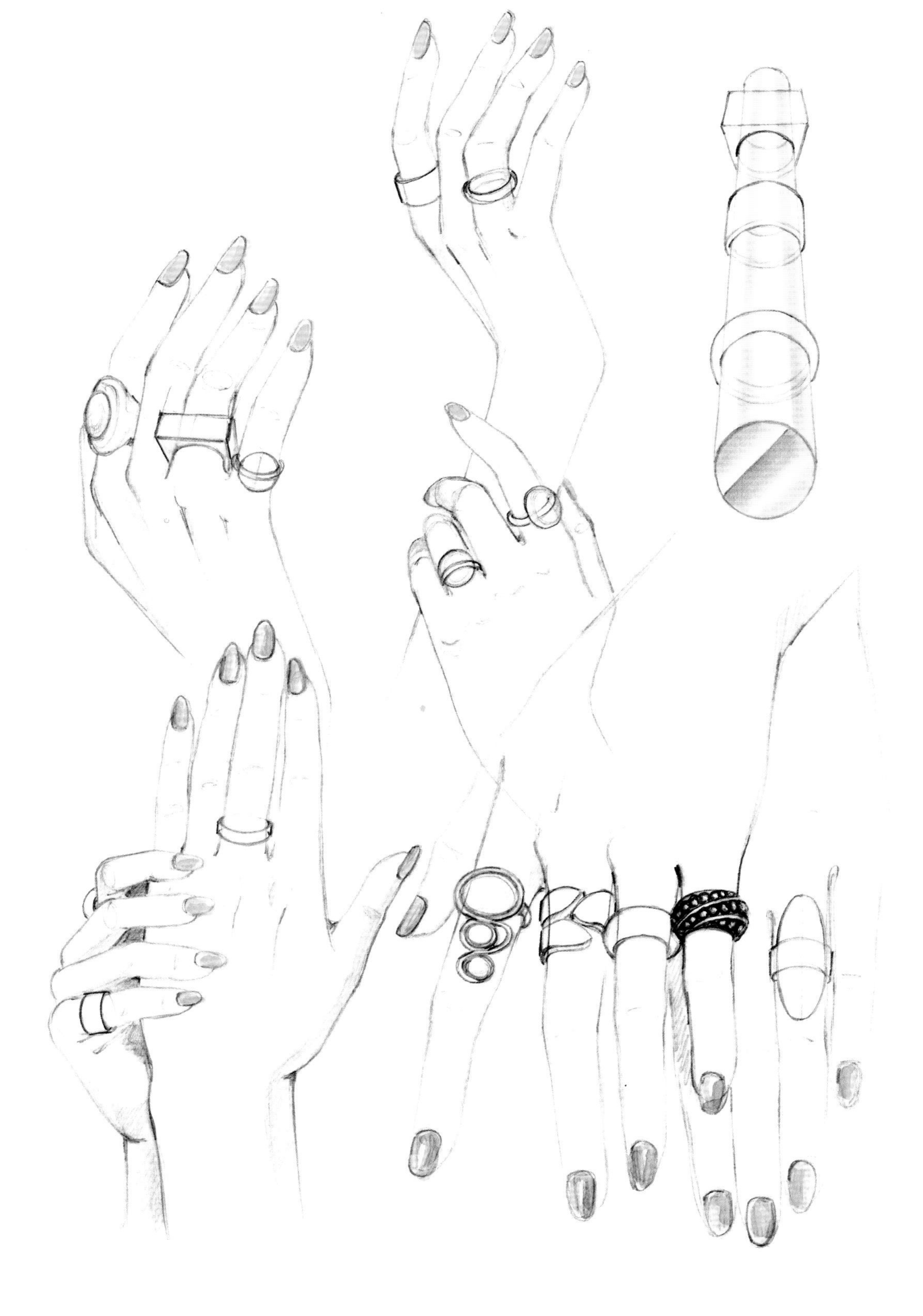

手姿

如图所示，双手可以在空间中摆出不同的姿势。

手是人体中灵活性和适应性最强的器官，它能抓握大小合适的、不同形态的物件。尽管手的形态结构限制了手的活动范围，但手的灵活性使之能够摆出不同的手姿，这使得描绘手姿极其困难。手指可以朝手掌中心移动，手掌可以合拢起来形成一个空腔。

绘制戒指时，最好从手背的角度来描绘佩戴在手指上的戒指，这样戒指的整体都可完全呈现出来。在绘制戒指之前，先描画一些与手指平行的线条，以此来构建“透视盒子”，然后再具体描画戒指的造型。

请留意以下几个要点，这样可以提高手绘图的质量：

– 体积较大的戒指最好与较长的手指和较大的手背相配；

– 在五个手指上都画上戒指，会使手背看起来显得很宽；

– 不对称或对角线设计风格的戒指可以使手指看起来更长；

– 戒面较宽的戒指或在同一根手指上描画多枚戒指，会使手指看起来较短。

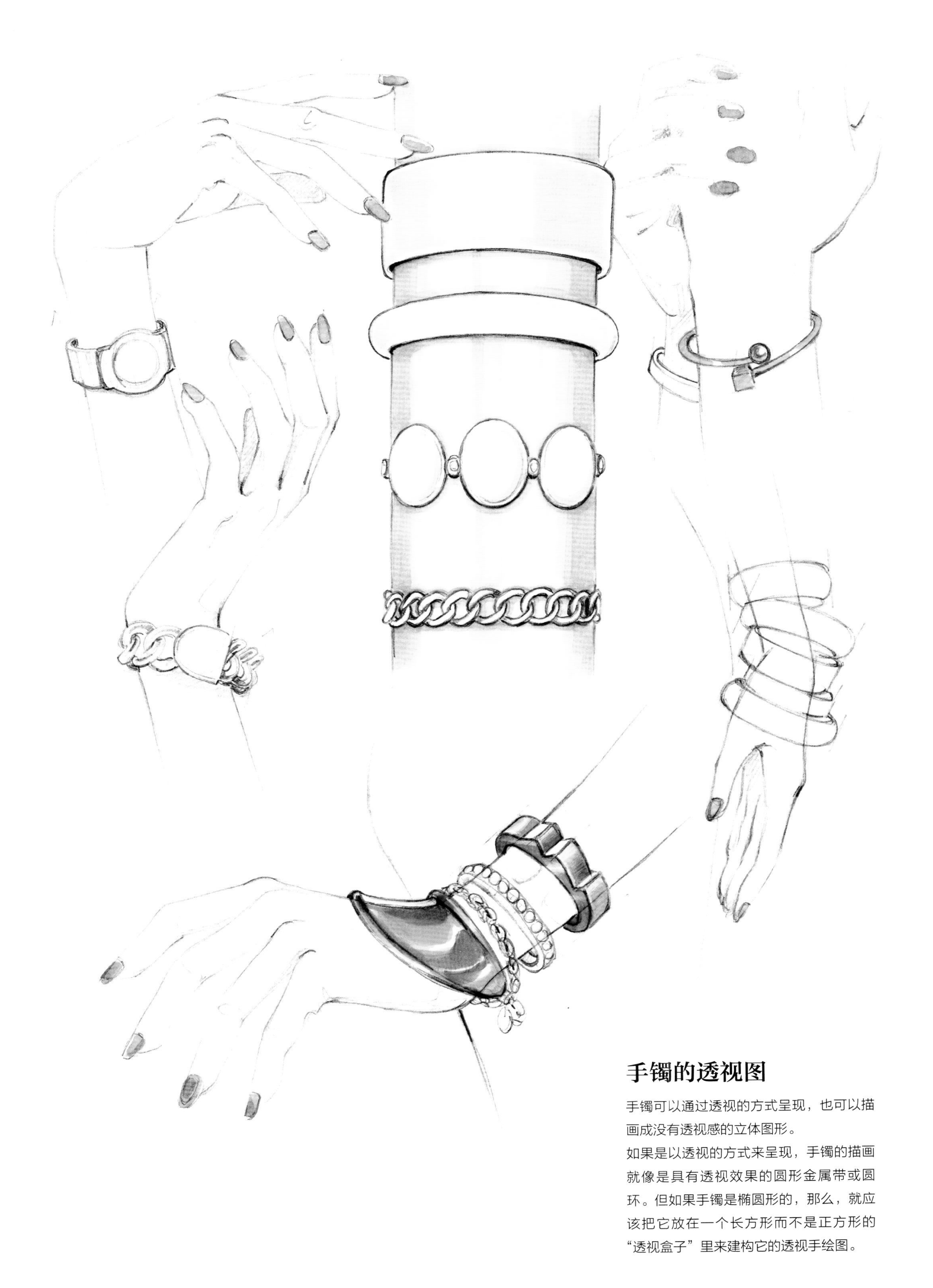

手镯的透视图

手镯可以通过透视的方式呈现，也可以描画成没有透视感的立体图形。

如果是以透视的方式来呈现，手镯的描画就像是具有透视效果的圆形金属带或圆环。但如果手镯是椭圆形的，那么，就应该把它放在一个长方形而不是正方形的“透视盒子”里来建构它的透视手绘图。

左耳和右耳

准确地描绘左耳饰与右耳饰非常重要，它们应该被描绘成为彼此的镜像。许多设计师在画一对非对称的耳饰时会犯错误，把一对非对称的耳饰画成两个左耳饰或两个右耳饰，这样的结果就是这两只耳饰根本不成对。

耳坠的正视和侧视效果图

绘制一对风格相同但造型不同的耳饰也是十分有趣的事情。

一般情况下，适合大多数人佩戴的耳饰是纽扣耳饰，纽扣耳饰的类型有直径2.5厘米的贝壳形、圆形或椭圆形。纽扣耳饰不会对耳朵的外形造成任何遮挡，只要纽扣耳饰的大小比例与耳垂相称，纽扣耳饰总会显得十分好看。

体积较大的耳饰可以通过作品的细节来增强佩戴者的面部特征，并在视觉上弱化大耳朵的外形。

如果不想强调鼻子的外形线条，就应该描绘长度或形状不同的耳饰来与脸庞相配。此时，不要搭配可以遮挡耳垂的耳饰，更不要搭配悬挂在耳垂下面的耳坠；最好搭配形状与眼睛或嘴巴较为相似的耳饰。

耳饰及其适配案例

环状耳饰的侧视图和正视图。
下图为其他样本的环状耳饰。

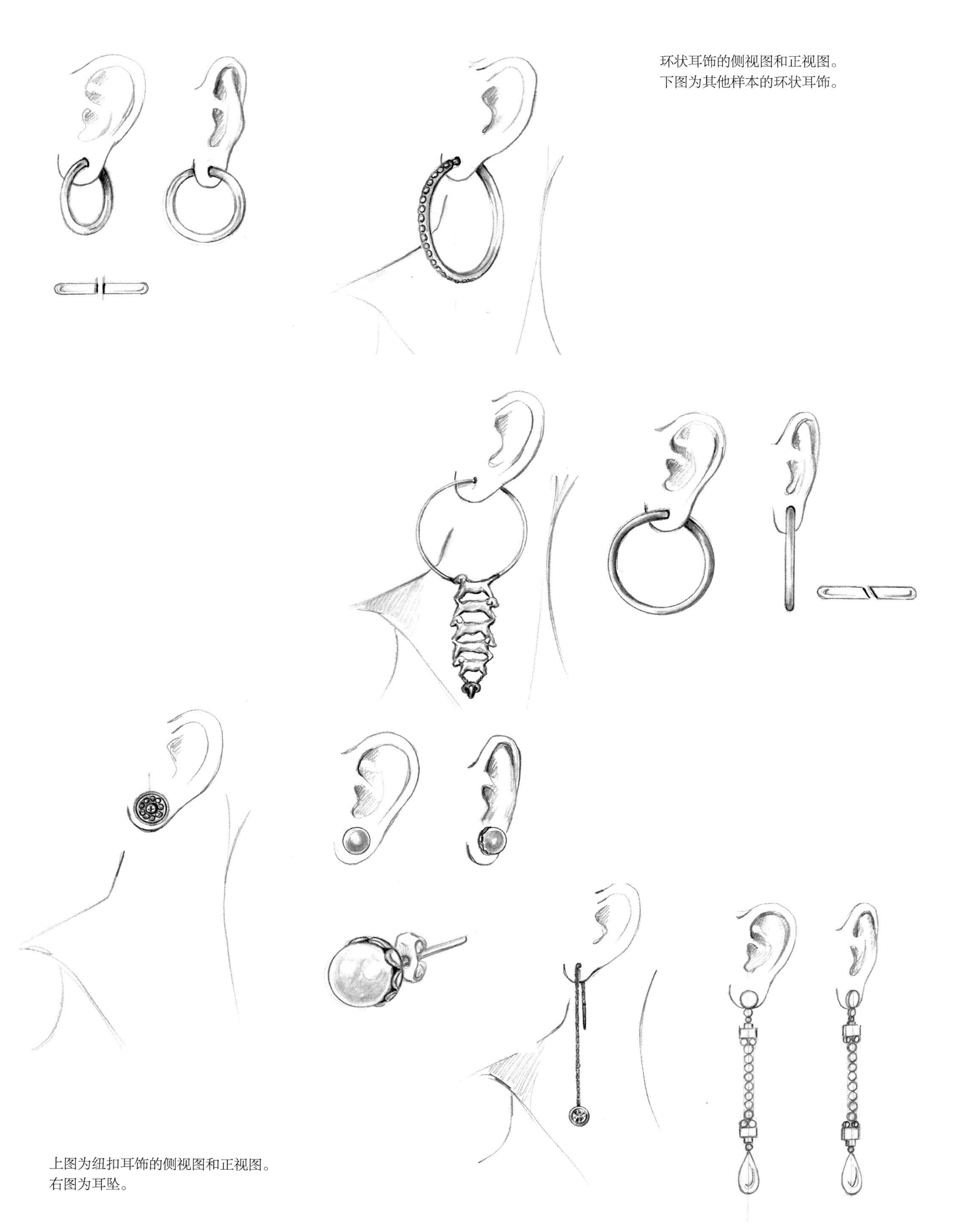

上图为纽扣耳饰的侧视图和正视图。
右图为耳坠。

左图，点状耳钉。
下图，耳夹。

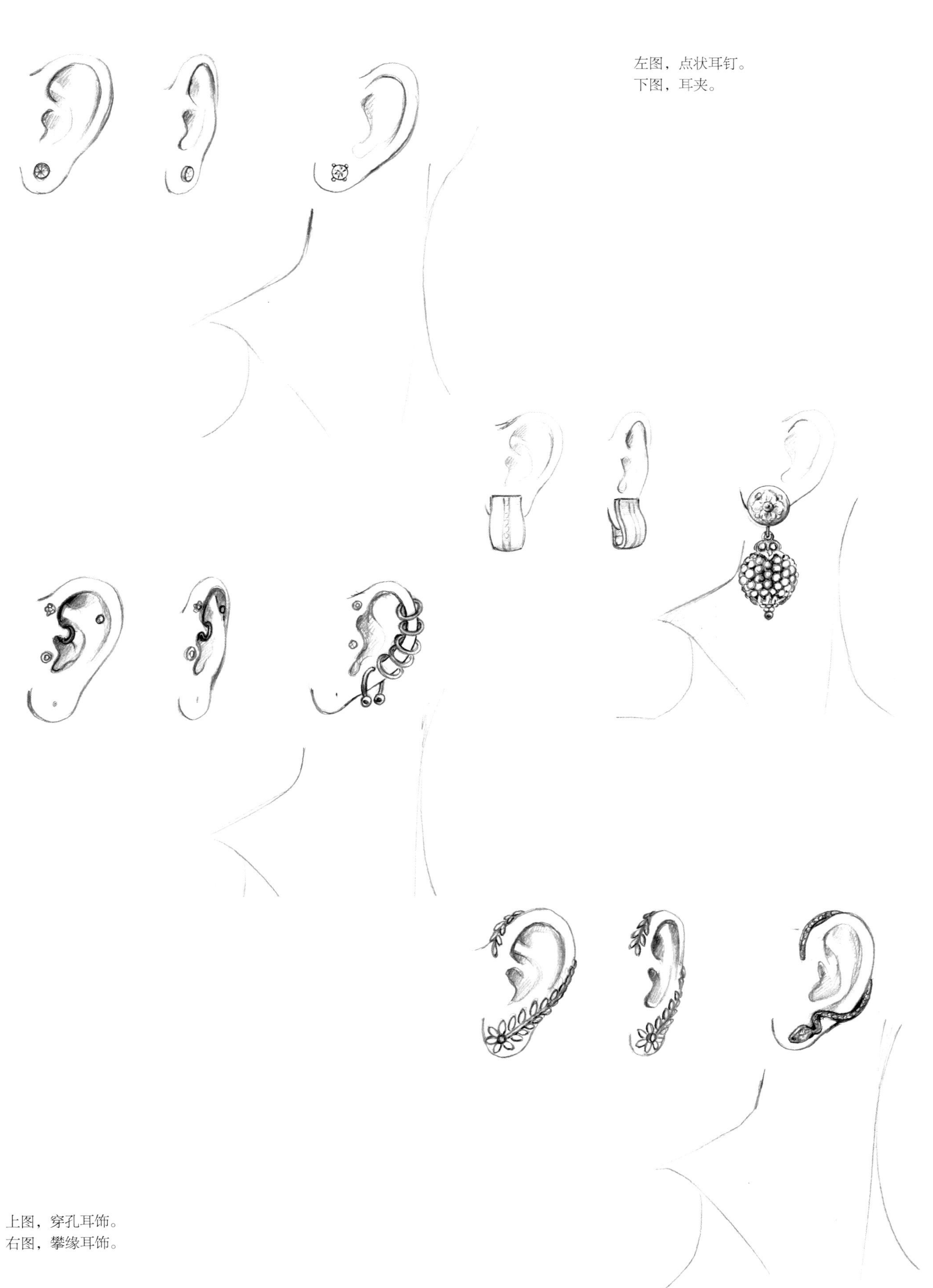

上图，穿孔耳饰。
右图，攀缘耳饰。

身体首饰

头饰和肩饰图例。

具有较强原创设计潜力的身体首饰就像人体的第二层皮肤，顺着身体的外形，像服装一样附着在不同的身体部位，紧贴和依附在肌肤之上。本小节展示具有创造力的设计师如何运用自身的艺术才华来探索新的身体装饰。在此案例中，首饰与身体融为一体，散发着华丽的皇家气度。

手饰与足饰图例。

手镯尺寸

尺寸	数值
XS	5.5 - 6.1英寸 14 - 15.5厘米
S	5.9 - 6.5英寸 15 - 16.5厘米
M	6.3 - 6.9英寸 16 - 17.5厘米
L	6.7 - 7.3英寸 17 - 18.5厘米
XL	7.1 - 7.9英寸 18 - 20厘米

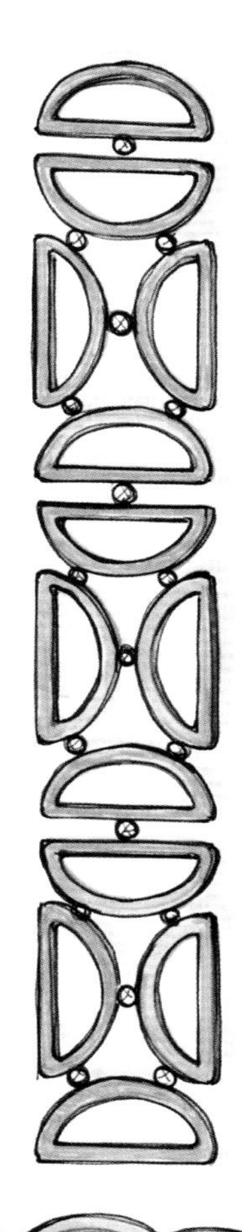

绘制手镯时，除了要考虑它的风格和审美特征，还应该考虑它的大小。手镯一定要完美贴合在佩戴者的手腕，既不能太大也不能太小。在决定手镯的大小之前，你必须首先知道手腕的精确尺寸。

与戒指不同，手镯的佩戴方式多种多样，我们每个人可以根据自己的喜好，选择或宽或窄的手镯款式。你有多种方法来确定你的手绘图中手镯的恰当尺寸。如果要绘制固定式的、不可调节的手链或手镯，应该先明确它内径的大小。

对于链接式手镯，则应测量从手链的一端到卡扣另一端的长度。

戒指尺寸

儿童戒指

eu\it	44\4	45\5	46\6	47\7	48\8	49\9
	14,1	14,33	14,65	14,97	15,29	15,61

儿童戒指 / 女戒

eu\it	50\10	51\11	52\12	53\13	54\14	55\15
	15,92	16,24	16,56	16,88	17,2	7,52

女戒

eu\it	56\16	57\17	58\18	59\19	60\20	61\21
	17,83	18,15	18,47	18,79	19,11	19,43

男戒

eu\it	62\22	63\23	64\24	65\25	66\26
	19,75	20,06	20,38	20,7	21,01

男戒

eu\it	67\27	68\28	69\29	70\30	71\31
	21,34	21,66	21,97	22,29	22,61

备注：欧洲\意大利（eu\it）

男性首饰

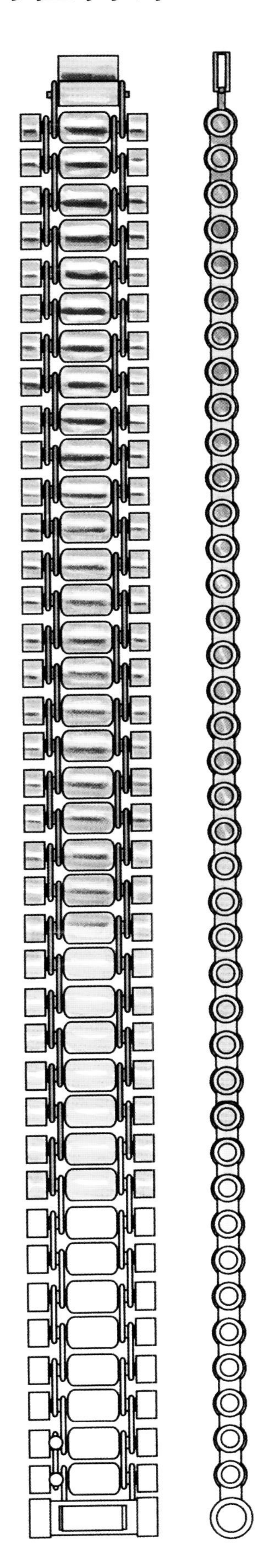

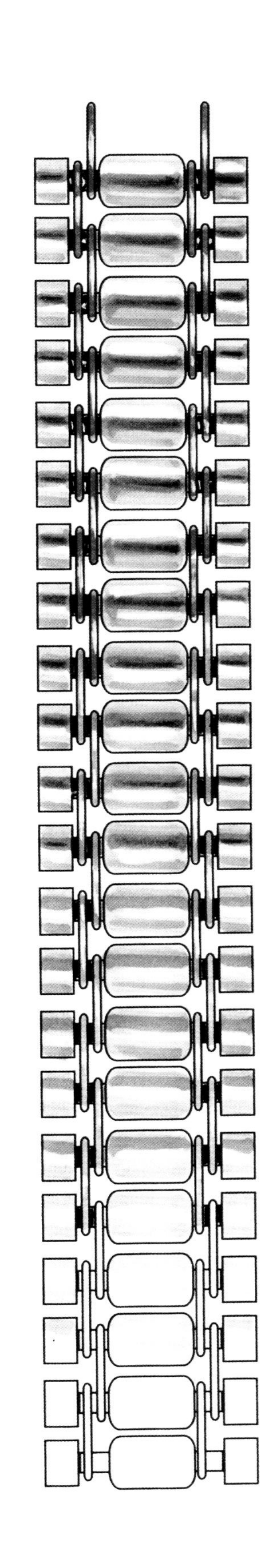

男性首饰的起源非常久远，曾被用于彰显权势、威武、勇气和力量。

直到18世纪，女性首饰和男性首饰都没有明显的区别，佩戴首饰的目的都是为了满足人们的虚荣心。

男人们不仅通过他们的服装、也通过佩戴不同种类的珠宝来彰显自身的财富。我们将概述男装最常见的搭配首饰类型，以及两者如何进行搭配。

铰链式链条

铰链式链条看起来就像自行车的链条。它的零部件较多，比如使用了许多侧销，这些侧销可借助锤敲来安装和连接部件。如果使用两种不同颜色的铰链来制作，并且在它闪亮的黑色内饰部位镶嵌许多小钻石，那么，它的连接方式则更为明显。

受自行车链条启发而设计的男式链条的案例。

平片式手链

平片式手链是一种由格鲁美特链（Groumette Links）连接而成的，以金属平片为中心的装饰品。

开关是一个体积较大的盒扣。

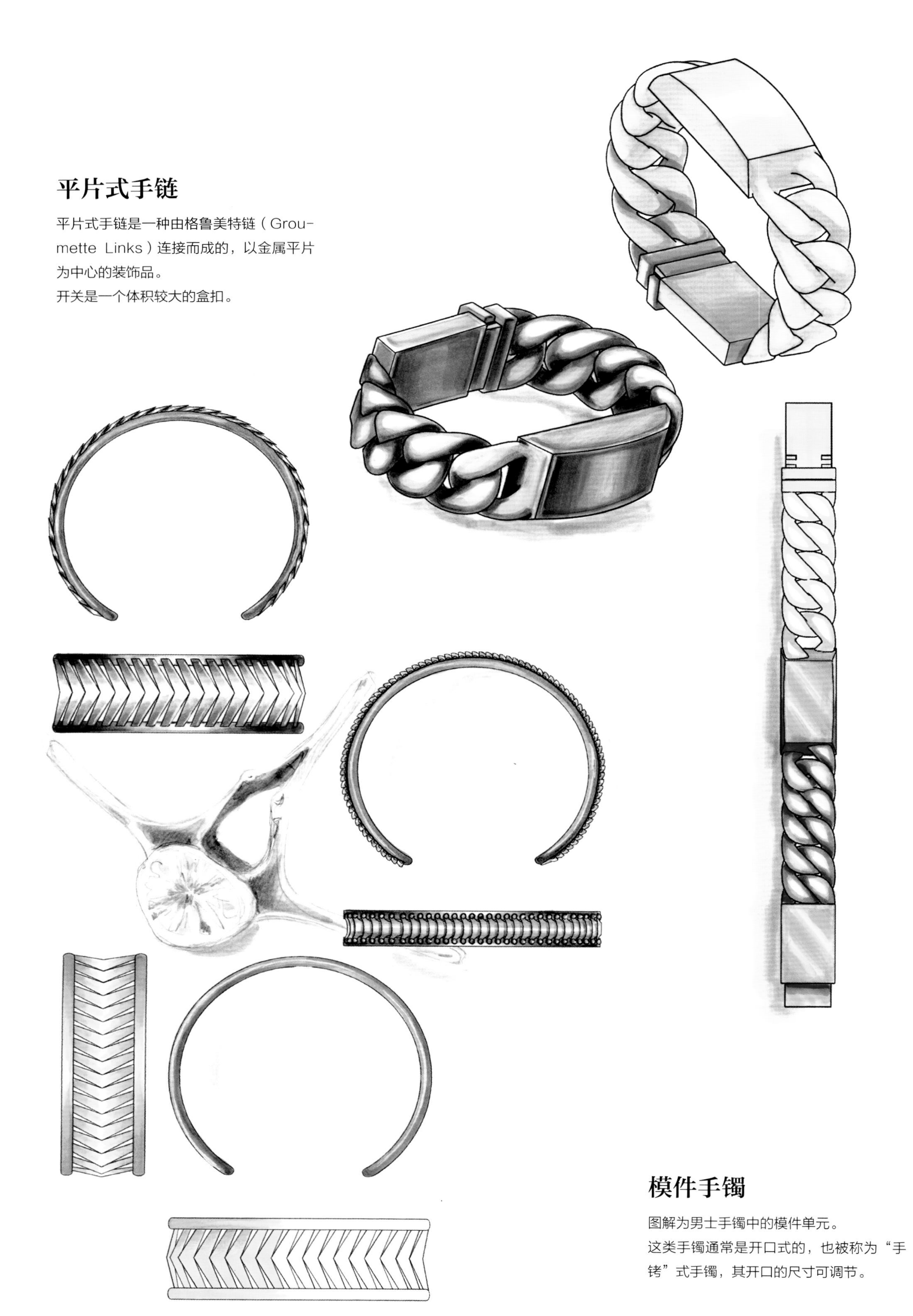

模件手镯

图解为男士手镯中的模件单元。

这类手镯通常是开口式的，也被称为“手铐”式手镯，其开口的尺寸可调节。

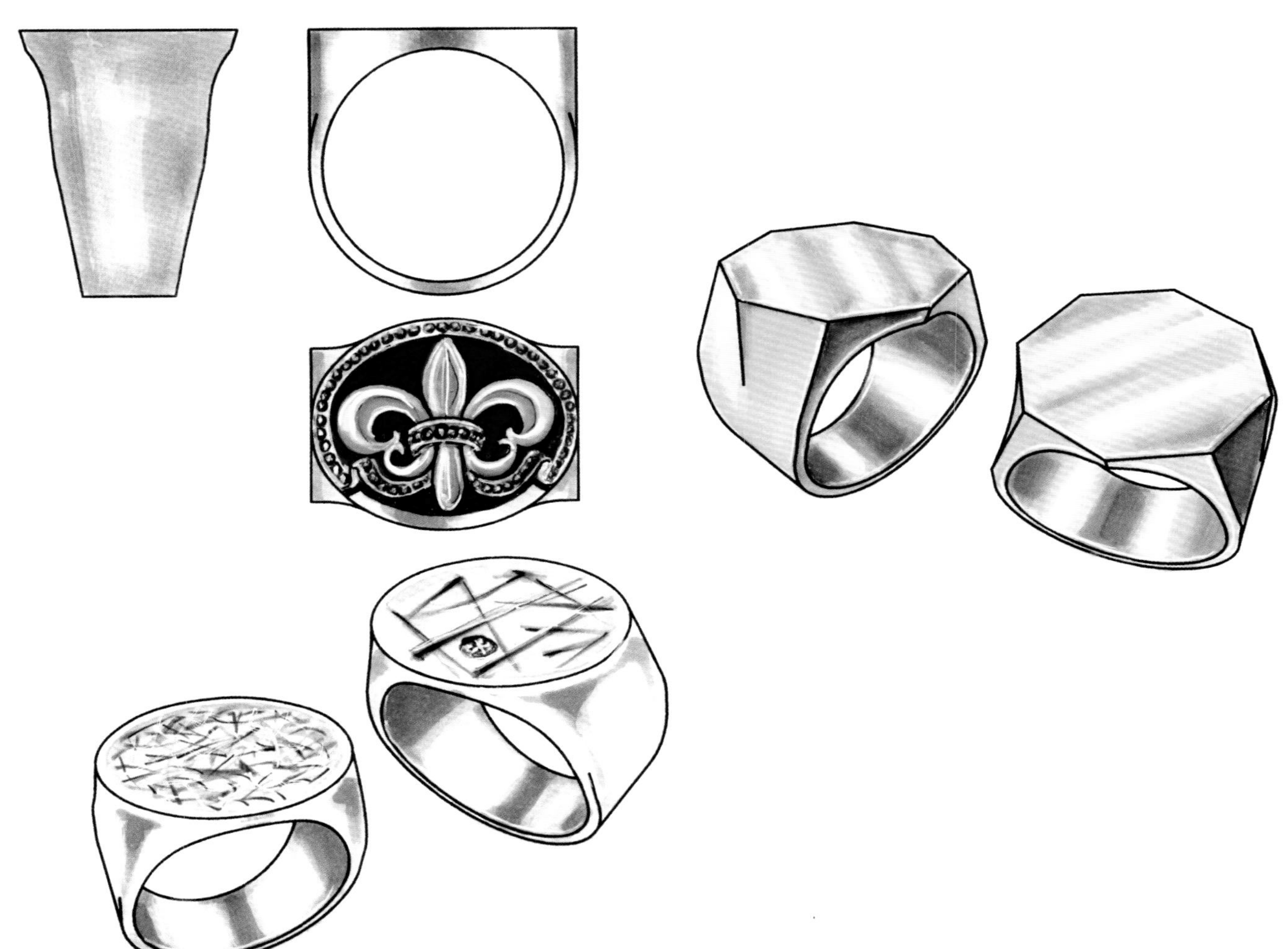

印章戒指

从历史的观点来看，印章戒指源于私家签名以及家族徽章的实际需要。历史中，阅读和写作往往是精英阶层的专利，对于这些精英来说，拥有一个易于识别的标志或签名是非常重要的。

家族的领袖对家族封号和印章戒指具有继承权。家族里的其他成员也可能拥有一枚印章戒指，但这些印章戒指的设计与家族领袖继承的印章戒指的设计不同。例如，女性的印章戒指只有一个没有纹样的盾徽外形，而那些候补继承人，即排在长子之后的儿子们，拥有的印章戒指通常不允许有高贵的王冠纹样，因为只有长子才有权佩戴具有王冠纹样的印章戒指。

领带饰品

领带条

领带条是一种可以滑到领带中央进行佩戴的小金属条，它也可以像发夹一样别在衬衫上（这是一种最常见的领带针类型）。

领带夹

领带夹类似于领带条，但不能像发夹一样通过滑动的方式别在领带上。大体上来说，领带夹就是把领带水平固定在衬衫上的小夹子。

佩戴领带时，领带极易向一边发生偏移而显得不雅，在穿外套时更容易发生这种情况。而诸如领带夹之类的配件，既有固定领带的实用性，又有装饰功能，这种装饰功能可通过设计风格和选材来得以呈现。

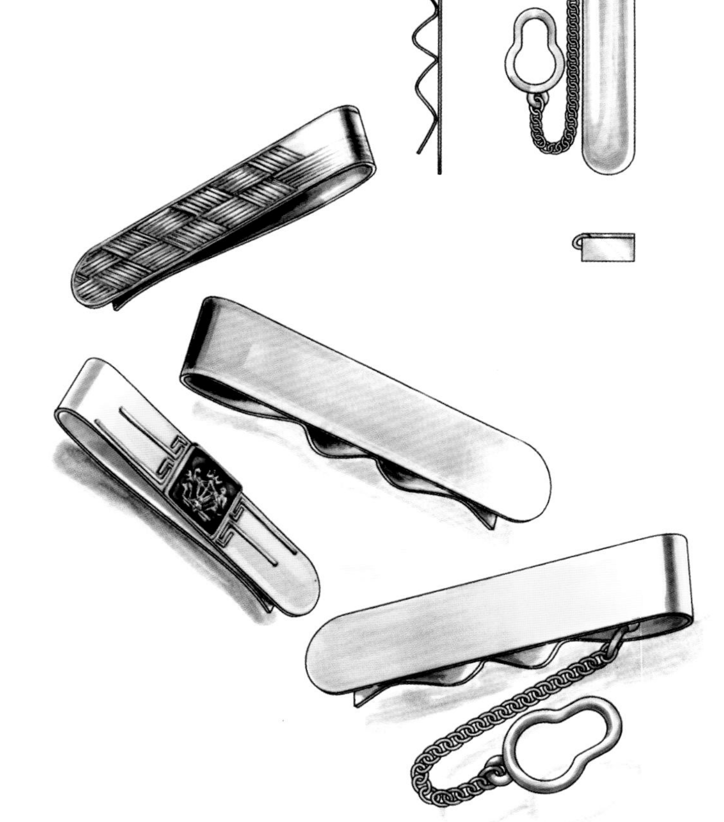

如何佩戴领带针

功能

记住，领带针除了是一种具有吸引力的装饰配件外，同时还具有固定领带的实用功能。领带针可以别在领带上，也可别在衬衫前面。

位置

如果外套是系上扣子的，领带针应该位于领带可见部分的中部（而不是整条领带的中部）。当然，如果你没有系上外套扣子的习惯，你就应该把领带针佩戴在衬衫的第三和第四个纽扣之间的位置。

大小

领带针的长度不应该超过领带宽度的75%。比较合适的领带针长度与领带宽度之比应介于2:3到3:4之间。这意味着只要始终遵守这种比例关系，你就可以在任何细长的领带上佩戴领带针。

袖扣

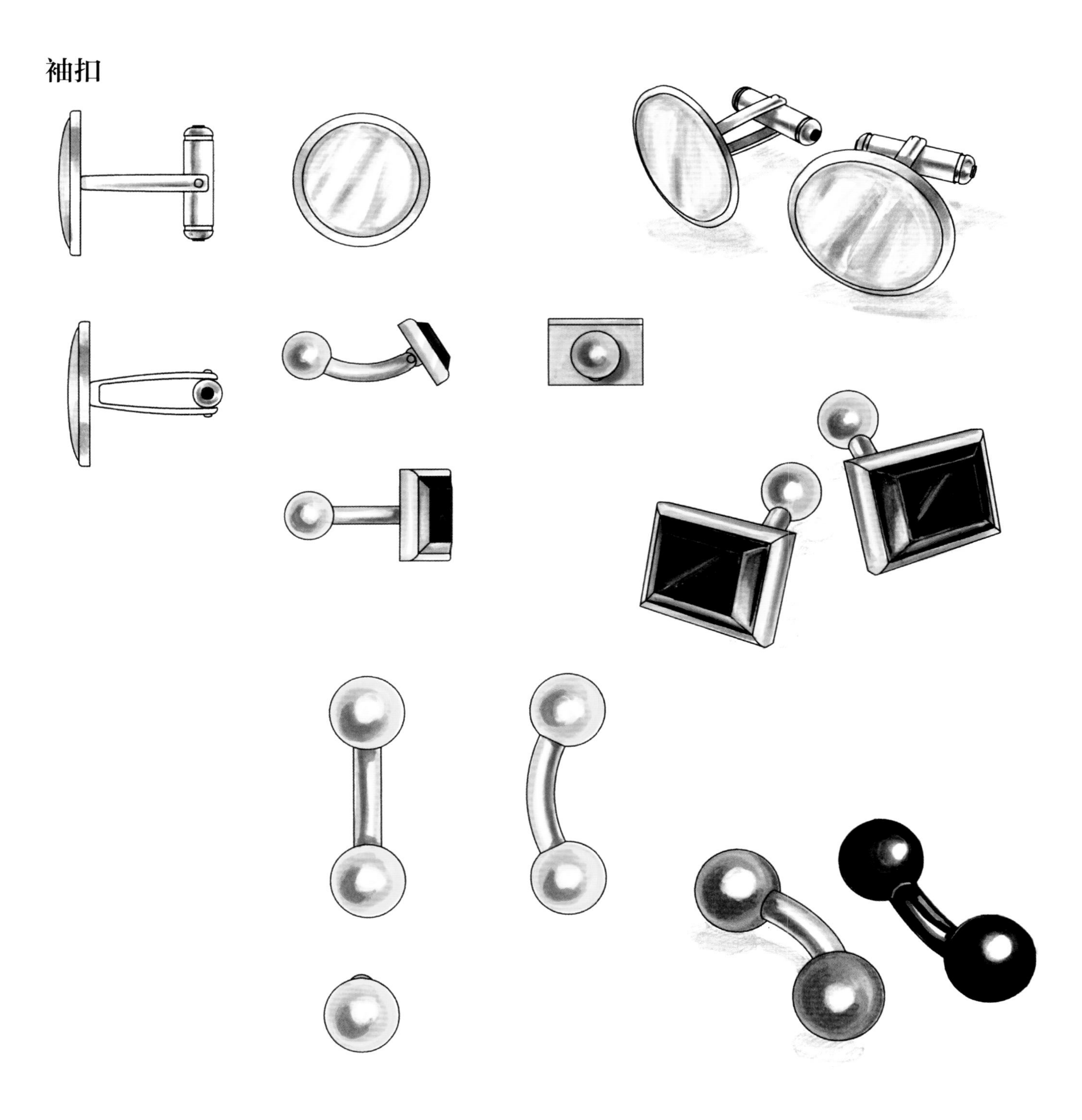

袖扣是一种装饰性的双头纽扣，用于扣住法式袖口（French Cuffs）的衬衫袖口。这种法式袖口，不像通常的袖口那样一边有纽扣，另一边有扣眼，而是在袖口的两边分别有一个扣眼，袖扣插入这两个扣眼，从而达到扣住袖口的目的。

袖扣在19世纪颇为流行。那时，服装的袖口上浆过多较为坚硬，仅仅依靠纽扣和扣眼的简单闭合显然不够牢固，所以，需要更为结实的袖口闭合连接。

袖扣由两片完全相同的可活动或固定的扁平部件组成，或由一个其后部带有横杆的扁平部件组成。

平片部件的造型多样，可以用贵重材料如黄金和宝石来制作，此时，袖扣就是一件真正的珠宝作品。有些袖扣印有主人姓氏的首字母或者饰有纹章和标识，以表明他们是某俱乐部和某体育协会的会员。有些袖扣由编织材料制成，整体看上去像是彩色小珠子。

袖扣并非常用的饰物，而需要袖扣的衬衫通常都被视为正装。

多年来，在男性首饰的世界里，袖扣一直被看作是永不过时的经典饰品，能够与商务套装或正式晚礼服完美地搭配。而今，女人们也惊喜地发现，把袖扣当作一种具有生活情趣的配饰来佩戴也是乐趣无穷的。过去，人们大多会选择椭圆形和圆形袖扣，但如今有各种形状和颜色的袖扣可供人们选择，从朴素到奢华，应有尽有。

模件吊坠

本页的首饰图展现了以蛇的脊椎骨为装饰灵感，并最终演变为一系列的模件吊坠首饰作品。

男性首饰套件

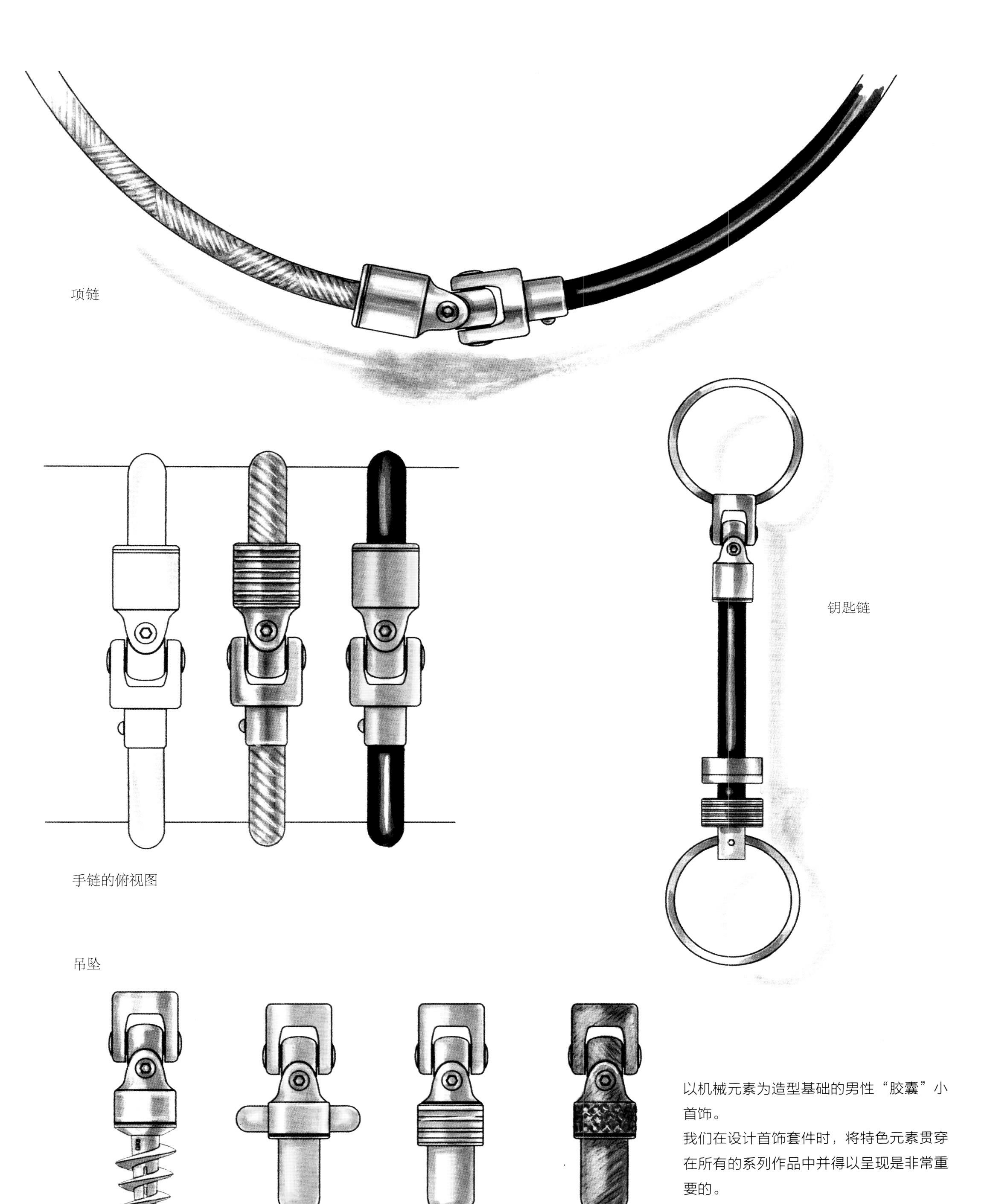

以机械元素为造型基础的男性“胶囊”小首饰。

我们在设计首饰套件时，将特色元素贯穿在所有的系列作品中并得以呈现是非常重要的。

手表

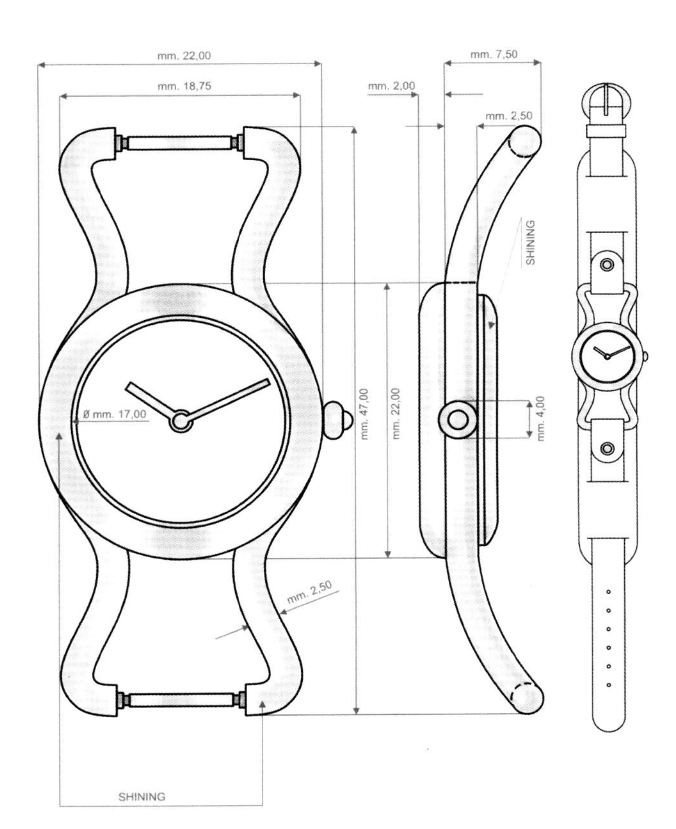

运动手表正确的尺寸标注范例。

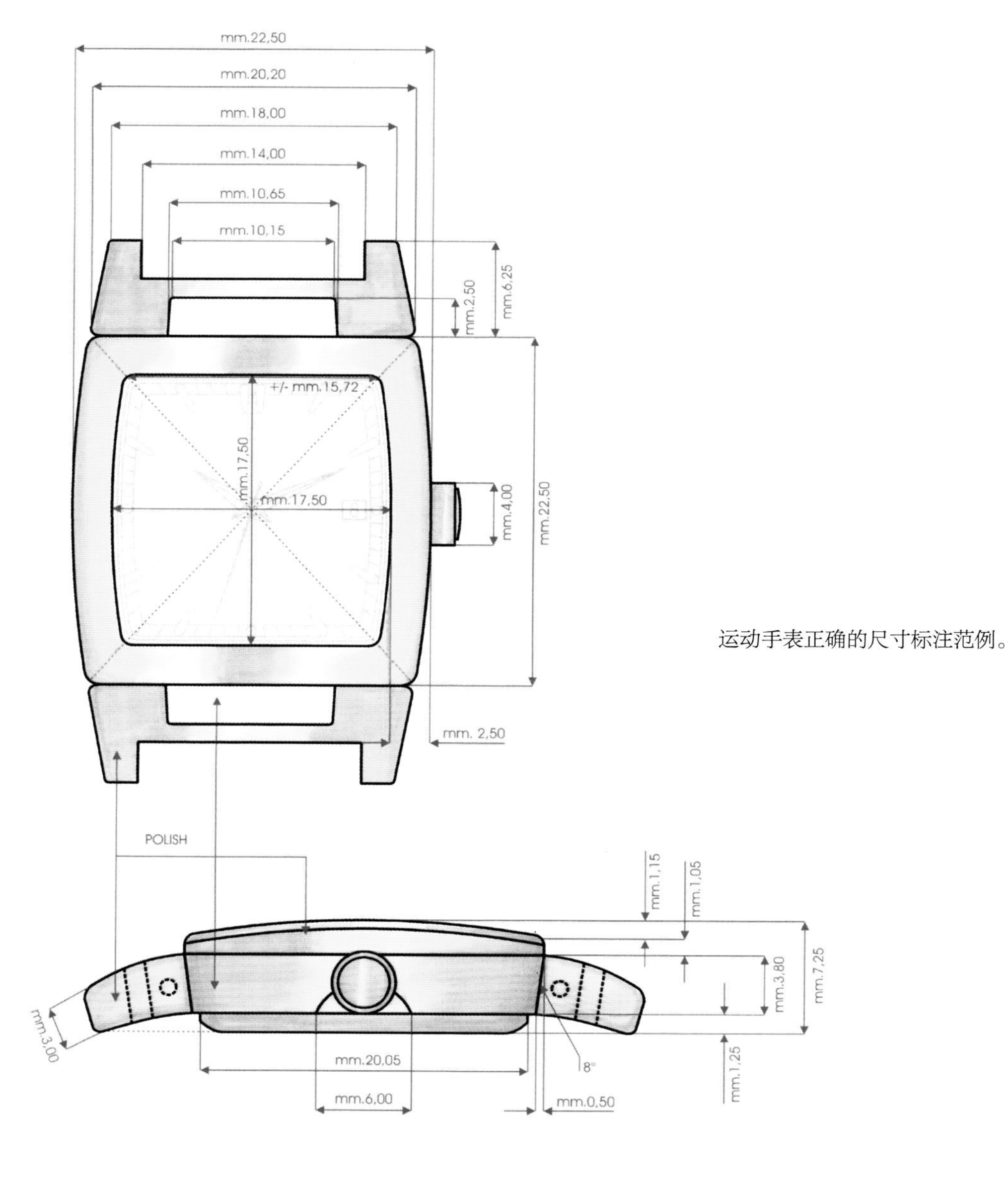

运动手表正确的尺寸标注范例。

表带为模件链接的手表的正交投影图和轴测图。

腕表于19世纪末由百达翡丽公司（Patek Philippe）发明。最初，腕表被认为是女性的专属配饰。那时，男性经常使用的是怀表。

1880年，德皇威廉一世委托芝柏公司（Girard-Perregaux）为德国海军生产了一款腕表。芝柏为此设计制作了一款适合工业生产的腕表样品，这个样品有坚固的圆形外壳和金属格栅，这个格栅可以扣合，起到保护表盘玻璃的作用。然而，这款腕表仅仅是一件样品而已，从未真正投产，也没有被任何德国海军佩戴过。

20世纪初，巴西发明家阿尔贝托·桑托斯·杜蒙（Alberto Santos-Dumont）发现，他在驾驶飞机时查看时间较为困难，因此他请求他的朋友路易斯·卡地亚（Louis Cartier）设计一款能够解决这个难题的手表。卡地亚设计制作了一块带有皮质表带的腕表，从此，这块腕表就成了杜蒙的生活中不可缺少的用品。随着卡地亚品牌在巴黎声名鹊起，他开始将这种腕表销售给男性客户。

曼努埃拉·布兰巴蒂

20世纪70年代末，她进入了时尚界。当时的她在时尚和设计部门工作，并为时尚杂志绘制插画。她曾与多位设计师合作过，比如乔治·科雷吉亚里、克里西亚和吉安·马尔科·文丘里。但对她最重要、影响最深远的是与詹尼·范思哲的合作。从最开始的一名员工到范思哲品牌1981年至2009年的独家合作伙伴，曼努埃拉在风格和设计部门为女子成衣和工作室系列时装、剧院服装、配饰、儿童服装、VIP定制，设计插图以及近年来的家住系列贡献自己的创意和插画技巧。

目前的她在时尚和设计领域从事自由职业，同时还致力于具象插画的创作，这使她能够自由地释放自己的创作潜能。

2011年，她在米兰举办了一场以致敬詹尼·范思哲为主题的个人展览，名为“我与詹尼共同的梦想：怀念詹尼”。同年，她还在波塔科马罗的艺术家之家（Asti）进行了展览展览。2011年，她还参加了先后在布雷西亚的马祖切利博物馆以及米兰服装博物馆莫兰多宫当代历史博物馆举行的“时尚剧场”的展览。

她的插画已被多部艺术书籍收录，如阿布维尔出版社出版的“浮华”系列，“范思哲剧院”第一部以及第二部（弗朗哥·玛丽亚·里奇所著）、《范思哲的优雅生活》（鲁斯科尼所著）、阿诺尔多·孟达多利出版社出版的《詹尼范思哲 思考的服饰》以及《范思哲兄妹的南岸故事》。

科西莫·芬奇

他可以称得上是一位全才的设计师，他的创意带有好奇和实验性的气质，与传统的研究领域大相径庭。

科西莫对当代珠宝的风格和符号学理论的研究和应用，产生了一种始终关注影响和决定其美学和象征价值发展的因素演变的分析。他所受到的训练可以追溯到他在格利塔列艺术学院学习造型艺术时期，以及去佛罗伦萨珠宝艺术学院和维琴察美院之前，在博洛尼亚DAMS学院进修当代艺术与风格现象学时期。

1997年，年仅26岁的他在维琴察创立了科西莫·芬奇品牌，并与国际高端时尚及珠宝品牌范思哲、华伦天奴、巴尔曼、比亚吉奥蒂、蒙大拿、加蒂诺尼、福佩、佐彩以及安提卡·莫利纳等合作。

身为艺术总监和珠宝设计师，科西莫还进行珠宝设计教学。把自身的设计师工作中自然储备的知识，传授给年轻人，丰富他们的经验，通过接受不同的当代交流方式的刺激，培养一代受到良好教育的创意人才。